靓汤主食

韩密和◎编著

U0376167

吉林科学技术出版社

作者简介

韩密和　中国餐饮国家级评委，中国烹饪大师，吉菜烹饪大师，亚洲蓝带餐饮管理专家，远东大中华区荣誉主席，被授予法国蓝带最高骑士荣誉勋章。现任吉林省饭店餐饮烹饪协会副会长，吉林省厨师厨艺联谊专业委员会会长。先后多次在《东方美食》《四川烹饪》等刊物发表论文。组织编写了《中国吉菜》《中国美味菌》《现代吉林菜谱》等多部饮食图书。

特别鸣谢

广东超霸世家食品有限公司

DIET SCIENCE

——饮食科学——

美味对对碰

第一章

靓汤

1/2小匙≈2.5克

1小匙≈5克

1大匙≈15克

第二章

主食

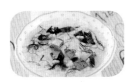

70 荷叶玉米须粥

71 山楂黑豆粥

72 什锦虾仁粥

73 雪梨青瓜粥

74 牛肉玉米羹

76 金银黑米粥

77 蒲菜粥

78 冬瓜鸭粥

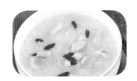

79 猪脑粥

80 香甜南瓜粥

81 薏米红枣粥

82 果脯地瓜饭

83 辣白菜炒饭

84 香菇菜心饭

85 羊肉蔬菜饭

86 咖喱火腿饭

88 板栗油鸡饭

89 美味叉烧饭

90 虾蔬果饭

91 原盅滑鸡饭

92 什锦炒饭

93 翡翠蛋炒饭

94 烂锅面

95 特色炸酱面

1/2杯≈125毫升

1大杯≈250毫升

📷 此菜配有视频制作过程

第一章

靓汤

清汤白菜

难度 中级　时间 25分钟　口味 鲜咸味

材料

白菜	750克
精盐	1小匙
料酒	1大匙
味精	1/2小匙
胡椒粉	少许
清汤	1500克

做法

1. 白菜去根，取白菜嫩心，顺长切成条，放入沸水锅内焯烫至断生，捞出、过凉，沥净水分。

2. 白菜条放在汤碗内，加入清汤250克、料酒、少许精盐、味精和胡椒粉，上屉蒸2分钟，取出，滗去汤汁，放入烧沸的汤锅内浸烫一下，捞出白菜条。

3. 锅置火上烧热，加入清汤、精盐烧煮至沸，放入白菜条稍煮片刻，离火，倒在汤碗内，直接上桌即可。

棒骨炖酸菜

难度 中级　　时间 75分钟　　口味 鲜咸味

材料

酸菜丝	150克
棒骨	1根
洋葱	50克
香葱花	10克
精盐	1小匙
郫县豆瓣酱	1大匙
植物油	2大匙

做法

1　棒骨刷洗干净，从中间斩断成大块，放入沸水锅内焯烫一下，捞出，换清水洗净，放在大汤碗内；洋葱剥去外皮，洗净，切成小块。

2　净锅置火上，加入植物油烧至六成热，放入郫县豆瓣酱、洋葱块稍炒，加入酸菜丝和适量清水煮至沸。

3　倒入盛有棒骨的汤碗内，放入蒸锅内，隔水炖1小时至熟香，加入精盐调好口味，撒上香葱花即可。

奶白菜肉汤

难度 初级　时间 30分钟　口味 鲜咸味

材料

奶白菜	400克
猪瘦肉	200克
蜜枣	10克
精盐	1小匙
味精	1/2小匙
胡椒粉	少许

做法

1 将奶白菜去根和老叶，洗净，沥去水分；蜜枣洗净，沥水；猪瘦肉去掉筋膜，洗净，切成小块，放入沸水锅内焯烫一下，捞出、沥水。

2 锅置旺火上，加入适量清水烧沸，放入奶白菜、猪瘦肉块和蜜枣煮至沸。

3 用小火煮约25分钟至熟烂，加入精盐、味精和胡椒粉调好口味，出锅装碗即可。

骨头白菜煲

难度 初级　时间 75分钟　口味 鲜咸味

材料

大白菜	400克
猪脊骨	200克
香葱段	10克
红椒丝	5克
精盐	2小匙
味精	1小匙
胡椒粉	少许
清汤	适量

做法

1 大白菜取嫩白菜叶, 用清水洗净, 撕成大块, 放入沸水锅中焯烫一下, 捞出、过凉, 沥去水分。

2 猪脊骨砍成大块, 放入沸水锅中焯烫5分钟, 捞出脊骨块, 换清水冲净, 沥去水分。

3 净锅置火上, 加入清汤和脊骨块烧沸, 小火煮1小时, 放入大白菜叶、精盐、味精、胡椒粉煮5分钟, 加入香葱段和红椒丝, 出锅装碗即可。

13

上汤菠菜

难度 中级　时间 25分钟　口味 鲜咸味

材料

菠菜200克，胡萝卜25克，草菇20克，松花蛋1个

姜片10克，精盐1小匙，味精、鸡精、香油、猪骨汤、植物油各适量

做法

1 菠菜去根和老叶，放入沸水锅中焯烫一下，捞出、沥水；胡萝卜、草菇分别洗净，均切成片，放入沸水锅中略焯，捞出、沥水；松花蛋剥去外壳，切成小块。

2 锅置火上，加入植物油烧热，下入姜片炒香，放入松花蛋块稍煎，添入猪骨汤煮至沸。

3 放入菠菜、胡萝卜片、草菇片，加入精盐、味精、鸡精烧沸，淋入香油，出锅上桌即可。

冬笋生菜汤

难度 初级　时间 10分钟　口味 鲜咸味

材料

冬笋(罐头)200克,生菜50克

姜块10克,精盐1小匙,味精1/2小匙,花椒水2大匙,鸡汤1500克,香油少许

做法

1 取出罐装冬笋,用清水冲洗干净,切成小条;生菜择洗干净,撕成小块;姜块去皮,切成细丝。

2 净锅置火上烧热,加入鸡汤烧沸,下入冬笋条、姜丝、花椒水煮至入味。

3 放入生菜块煮2分钟,加入精盐、味精调好汤汁口味,淋入香油,出锅装碗即可。

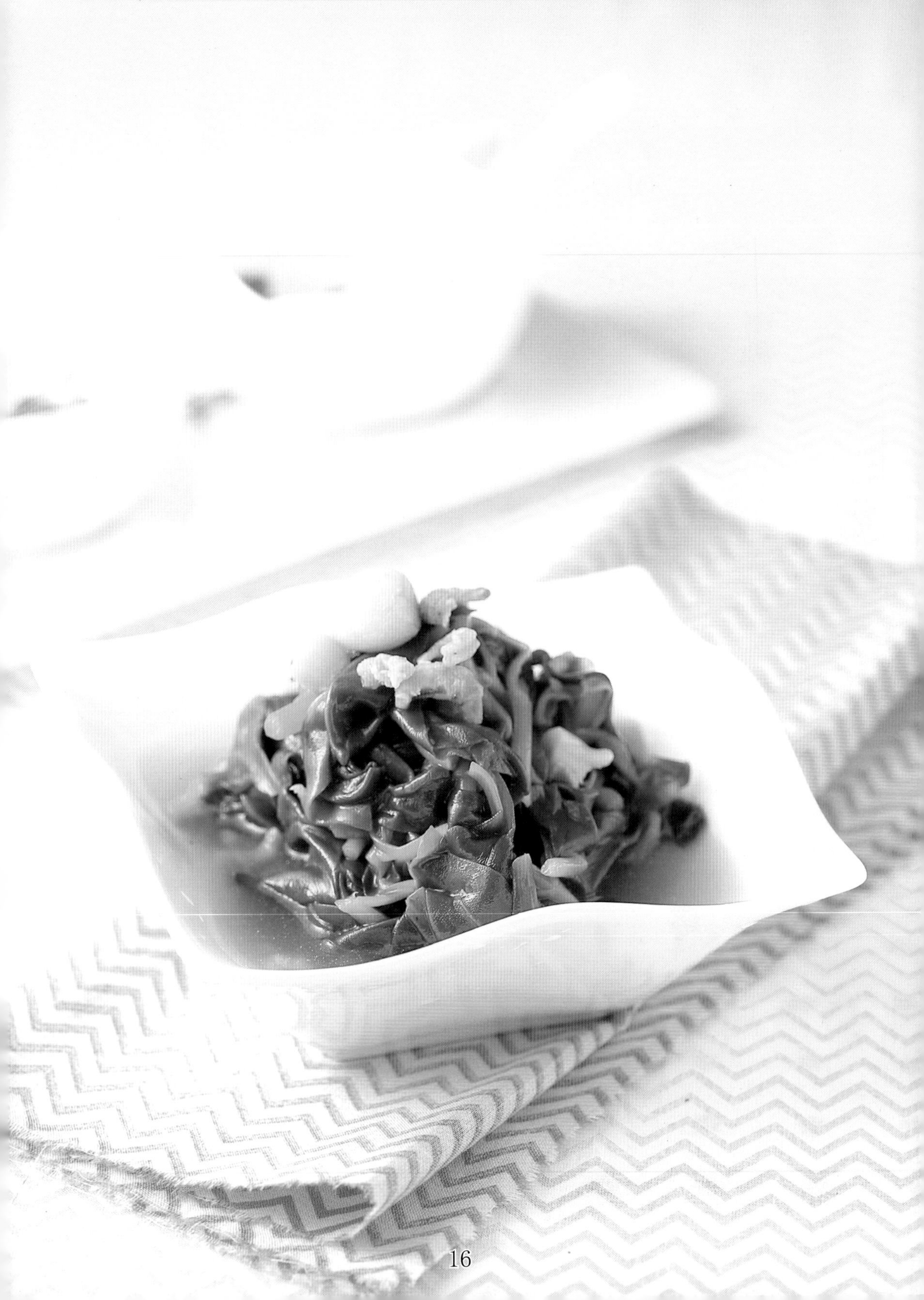

海米穿心莲

难度	时间	口味
初级	20分钟	鲜咸味

材料

穿心莲	150克
海米	25克
葱花	5克
精盐	1小匙
生抽	2小匙
植物油	1大匙
清汤	适量

做法

1　穿心莲洗净，去掉老根（图1），放入淡盐水中浸泡10分钟，再换清水洗净。

2　净锅置火上，放入清水烧沸，倒入穿心莲（图2），用旺火焯烫2分钟，捞出穿心莲（图3），沥净水分。

3　锅置火上，加入植物油烧热，放入葱花炝锅（图4），放入海米（图5），加入精盐和生抽（图6），倒入清汤（图7），烧沸后加入穿心莲煮几分钟即可。

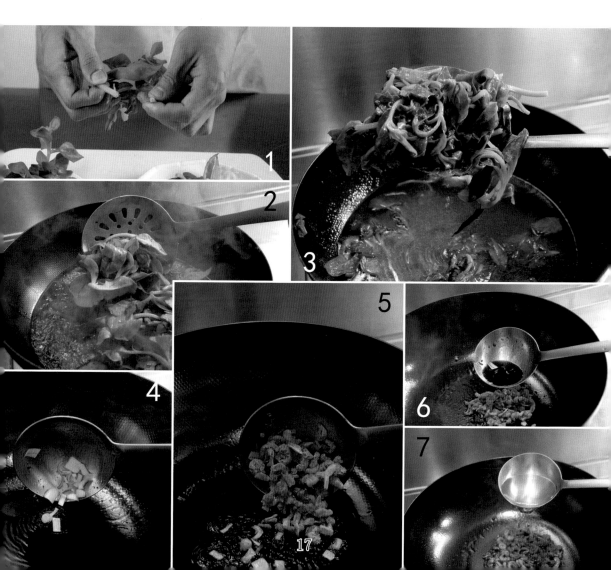

1

2

3

4

5

6

7

17

土豆菠菜汤

难度 初级　时间 10分钟　口味 鲜咸味

材料

土豆200克，菠菜125克

大葱、姜块各10克，精盐1小匙，味精1/2小匙，植物油2大匙，鲜汤适量

做法

1 将土豆洗净，削去外皮，切成细丝；菠菜去根和老叶，洗净，放入沸水锅内焯烫一下，捞出、过凉，切成小段；姜块拍破；大葱择洗干净，切成葱花。

2 净锅置火上，加入植物油烧热，放入姜块炝锅出香味，放入土豆丝，加入鲜汤烧煮至沸。

3 放入菠菜段，加入精盐和味精煮至入味，撒入葱花，出锅装碗即可。

18

土豆酸菜汤

难度 中级　时间 30分钟　口味 酸辣味

材料

土豆200克，四川酸菜100克

姜末5克，精盐、味精各1小匙，胡椒粉、花椒油各1/2小匙，清汤适量

做法

1 土豆洗净，放入蒸锅内蒸10分钟至熟，取出、凉凉，剥去外皮，放在容器内捣烂成土豆蓉，加入少许精盐、味精和胡椒粉拌匀，压成厚片，切成菱形小块。

2 四川酸菜去掉根和老叶，用清水浸泡并洗净，捞出，攥干水分，切成小段。

3 锅内加入清汤、四川酸菜段、姜末烧沸，用小火煮出香味，放入土豆块、精盐调匀，淋入花椒油即可。

三鲜冬瓜汤

难度 初级　时间 15分钟　口味 鲜咸味

材料

冬瓜200克，虾仁、水发海参、净鱿鱼各100克，油菜心25克

姜片5克，精盐、味精各1小匙，胡椒粉少许，鲜汤500克

做法

1 冬瓜去皮及瓤，切成厚片；虾仁去掉虾线，洗净；水发海参切成小块；净鱿鱼切成小段；油菜心洗净。

2 净锅置火上，加入鲜汤煮至沸，下入冬瓜片、姜片略煮片刻，加入精盐，放入虾仁、水发海参块和油菜心煮2分钟，撇去表面浮沫。

3 放入净鱿鱼段，加入味精、胡椒粉煮至入味，出锅装碗即可。

冬瓜鸡丸汤

难度 中级　时间 25分钟　口味 鲜咸味

材料

冬瓜250克，鸡胸肉100克，猪肥膘肉40克，鸡蛋清1个

精盐、味精各2小匙，胡椒粉1小匙，葱姜汁4小匙，水淀粉1大匙，香油少许

做法

1 冬瓜削去外皮，去掉瓜瓤，洗净，切成骨牌片，放入沸水锅中焯烫一下，捞出、沥水。

2 鸡胸肉、猪肥膘肉剁成细蓉，放入盆中，加入精盐、味精、葱姜汁、鸡蛋清和水淀粉搅拌均匀成馅料，挤成鸡肉丸。

3 净锅置火上，加入适量清水，放入冬瓜片煮至八分熟，下入鸡肉丸烧沸，撇去浮沫，加入精盐、味精、胡椒粉调味，盛入汤碗中，淋入香油即可。

芙蓉三丝汤

难度 中级　时间 15分钟　口味 鲜咸味

材料

西红柿150克，鸡蛋皮1张，水发木耳、水发海米各15克，鸡蛋清2个

精盐1小匙，味精少许，香油2小匙，鲜汤750克

做法

1　西红柿去蒂，用热水烫一下，剥去外皮，切成丝；鸡蛋清搅拌均匀；水发木耳、鸡蛋皮分别切成细丝。

2　净锅置火上，加入鲜汤煮至沸，放入鸡蛋皮丝、水发木耳丝、西红柿丝略烫一下，捞出三丝，沥净水分，盛放在汤碗内。

3　鲜汤锅中加入水发海米，淋入鸡蛋清，加入精盐、味精、香油稍煮，出锅，倒在盛有三丝的汤碗内即可。

素烩山药

难度 中级　时间 20分钟　口味 鲜咸味

材料

山药200克, 荷兰豆、胡萝卜各80克, 地瓜50克, 花菇30克

葱末、姜末、蒜末各5克, 八角1个, 精盐、米醋各少许, 鸡汁1大匙, 植物油2大匙

做法

1　山药、地瓜削去外皮, 洗净, 均切成大片; 花菇用清水泡软, 洗净, 剞上十字花刀; 胡萝卜洗净, 切成凤尾花刀; 荷兰豆择洗干净, 切成小段。

2　锅内加入植物油烧热, 下入葱末、姜末、蒜末、八角炒出香味, 烹入米醋, 加入适量清水烧沸。

3　放入山药片、地瓜片、花菇、胡萝卜和荷兰豆, 用中火煮至熟, 加入精盐、鸡汁调好口味, 出锅装碗即可。

苦瓜肉片汤

難度　初级　　时间　15分钟　　口味　鲜咸味

材料

苦瓜	200克
猪里脊肉	150克
红柿子椒	25克
精盐	1小匙
胡椒粉	少许
香油	2小匙

做法

1　猪里脊肉切成大片（图1），放入沸水锅内（图2），加入少许精盐焯烫至变色，捞出、沥水（图3）。

2　苦瓜洗净，顺长切成两半，去掉苦瓜瓤（图4），切成小段（图5）；红柿子椒去蒂，切成小块。

3　净锅置火上，倒入清水，加入里脊片和苦瓜块（图6），加入精盐（图7），用旺火煮5分钟，放入红柿子椒块稍煮，加入胡椒粉，淋入香油，出锅上桌即可。

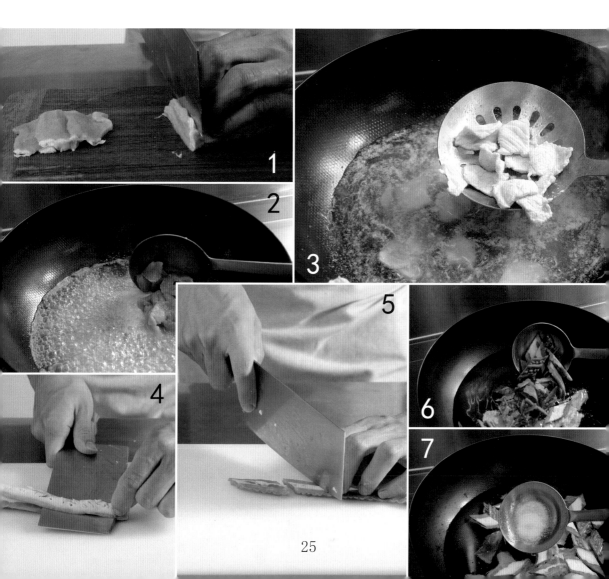

双椒肉片汤

难度　中级　｜　时间　15分钟　｜　口味　鲜咸味

材料

红柿子椒	125克
青柿子椒	100克
猪瘦肉	75克
精盐	1小匙
味精	1/2小匙
水淀粉	2大匙
酱油	2小匙

做法

1 猪瘦肉洗净，切成薄片，加入酱油、味精、少许水淀粉拌匀，腌渍10分钟。

2 红柿子椒、青柿子椒分别去蒂、去籽，用清水洗净，沥净水分，切成坡刀片。

3 净锅置火上，加入清水烧沸，放入猪肉片煮至变色，加入青柿子椒片、红柿子椒片煮至熟嫩，加入精盐、味精调好口味，用水淀粉勾芡，出锅装碗即可。

松茸鱼肚汤

难度 中级　时间 25分钟　口味 鲜咸味

材料

松茸	200克
水发鱼肚	150克
莴笋	100克
葱花、姜末	各少许
精盐	2小匙
胡椒粉	1/2小匙
清汤	1000克
植物油	1大匙

做法

1 松茸洗净,切成大片;莴笋去根,削去外皮,洗净,切成大片,和松茸片一起放入沸水锅中焯烫一下,捞出、沥净;水发鱼肚洗净,切成小块。

2 净锅置火上,加入植物油烧至七成热,下入葱花、姜末炝锅出香味。

3 加入清汤、精盐,放入松茸片、鱼肚块、莴笋片煮至入味,撒上胡椒粉调匀,出锅装碗即可。

银耳炖雪蛤

难度 中级	时间 10小时	口味 香甜味

材料

水发银耳	100克
雪蛤	40克
枸杞子	10克
冰糖	30克

做法

1　雪蛤放入清水中浸泡8小时，去除杂质，漂洗干净，撕成小块；水发银耳去蒂，洗净，撕成小朵。

2　锅置火上，加入适量清水烧沸，分别放入雪蛤、水发银耳焯烫一下，捞出、沥水。

3　净锅置火上，加入清水煮至沸，下入银耳煮约30分钟至软烂、汤汁浓稠，放入雪蛤和枸杞子煮10分钟，加入冰糖煮至溶化，出锅装碗即可。

竹荪莲藕汤

难度　中级　｜　时间　80分钟　｜　口味　鲜咸味

材料

莲藕	250克
猪瘦肉	50克
竹荪	25克
枸杞子	5克
红枣	10克
精盐	适量

做法

1 竹荪放入清水中浸泡至涨发，切去两头，换清水洗净，放入沸水锅中焯烫一下，捞出、沥水，切成小段。

2 莲藕削去外皮，去掉藕节，洗净，切成小条；猪瘦肉洗净，切成小片；红枣去掉核，洗净。

3 净锅置火上，加入适量清水烧沸，放入竹荪段、莲藕条、猪瘦肉片和红枣煮至沸，转小火煲约1小时，放入枸杞子，加入精盐调好口味，出锅装碗即可。

榨菜肉丝汤

难度 初级   时间 15分钟   口味 鲜咸味

材料

猪里脊肉150克，榨菜100克

葱末、姜末各10克，蒜末5克、精盐、味精各1/2小匙，香油1/2大匙，植物油1大匙

做法

1　将榨菜去根，洗净，切成细丝，放入沸水锅中焯烫一下，捞出、沥水；猪里脊肉洗净，切成细丝。

2　净锅置火上，加入植物油烧热，下入猪肉丝炒至变色，放入葱末、姜末、蒜末炒香。

3　添入清水煮沸，放入榨菜丝，撇去表面浮沫，加入精盐、味精调匀，淋入香油，出锅装碗即可。

五花肉炖豆腐

难度 初级　　时间 15分钟　　口味 鲜咸味

材料

五花肉150克，豆腐1块，小白菜50克

大葱、姜块各10克，精盐、鸡精各1小匙，胡椒粉少许，料酒1大匙，植物油4小匙

做法

1 豆腐片去老皮，洗净，切成小块；五花肉去掉筋膜，洗净，切成大片；小白菜去根和老叶，洗净，切成小段；大葱去根，切成葱花；姜块去皮，切成片。

2 净锅置火上，加入植物油烧热，下入五花肉片、葱花、姜片炒香，烹入料酒，放入豆腐块略炒一下。

3 加入鸡精、精盐、胡椒粉及适量清水，用小火炖5分钟，下入小白菜段煮至熟，出锅装碗即可。

参归猪肝煲

难度 初级　　时间 60分钟　　口味 鲜咸味

材料

鲜猪肝250克，党参、当归、酸枣仁各10克

姜末、葱末各25克，精盐2小匙，味精1大匙，料酒5小匙

做法

1 将鲜猪肝去掉白色筋膜，洗净，擦净表面水分，切成大片，加入料酒、精盐、味精拌匀；酸枣仁洗净，剁成碎末；党参、当归洗净。

2 将党参、当归、酸枣仁放入砂锅中，加入适量清水烧沸，转小火煮约10分钟。

3 放入猪肝片，撒入姜末和葱末，继续炖煮30分钟，加入少许精盐调好口味，离火上桌即可。

菠菜猪肝汤

难度 初级　　时间 15分钟　　口味 鲜咸味

材料

猪肝	200克
菠菜	150克
枸杞子	10克
姜丝	少许
大葱	25克
精盐	1小匙
香油	2小匙

做法

1 猪肝去掉筋膜,切成大片;菠菜择洗干净,从中间横切一刀,放入沸水锅内略烫一下,捞出、过凉;大葱去根,洗净,切成小段;枸杞子洗净。

2 净锅置火上,加入适量清水烧沸,下入猪肝片煮至沸,撇去表面浮沫。

3 放入菠菜段、姜丝、葱段和枸杞子煮5分钟,加入精盐调好口味,淋入香油,出锅装碗即可。

山药排骨煲

难度　中级　　时间　40分钟　　口味　鲜咸味

材料

排骨250克，山药200克，枸杞子少许

葱花、姜片各10克，精盐、生抽、蚝油、料酒、排骨酱、鸡精、白糖、植物油各适量

做法

1　山药去皮，切成小块；排骨剁成小块，加入生抽、蚝油、料酒拌匀，放入油锅内炸至变色，捞出、沥油。

2　锅内加入植物油烧热，下入葱花、姜片炝锅，放入排骨酱、蚝油、生抽、料酒和排骨块翻炒一下。

3　倒入清水，加入精盐、白糖、鸡精煮至沸，离火，倒入高压锅内，盖上锅盖压10分钟，离火，倒入净锅内，加入山药块和枸杞子煮至熟即可。

虫草花龙骨汤

难度 中级　时间 60分钟　口味 鲜咸味

材料

猪排骨	500克
甜玉米	150克
虫草花	30克
芡实	20克
枸杞子	10克
葱段、姜片	各15克
精盐	2小匙
味精	1小匙

做法

1 甜玉米剥取玉米粒；虫草花洗涤整理干净，切成小段；芡实洗净；枸杞子洗净，用清水浸泡。

2 猪排骨浸洗干净，沥净水分，剁成小段，放入清水锅中，置火上焯烫一下，捞出、冲净、沥水。

3 净锅置火上烧热，加入清水、葱段、姜片、猪排骨段、甜玉米粒、芡实、虫草花烧沸，用中火煮40分钟至熟，加入枸杞子，放入精盐、味精调好口味即可。

玉米炖排骨

难度	时间	口味
中级	75分钟	鲜咸味

材料

猪排骨	500克
玉米	250克
枸杞子	少许
香葱花	10克
精盐	1小匙
味精	少许
料酒	1大匙

做法

1. 将猪排骨洗净，剁成块，放入沸水锅内焯烫3分钟以去除血水，捞出；玉米洗净，切成小条。

2. 净锅置火上，加入适量清水烧沸，放入排骨块、玉米条煮至沸，烹入料酒。

3. 用小火煮约1小时至排骨块熟烂，放入枸杞子，加入精盐、味精调好汤汁口味，出锅，倒入汤碗内，撒上香葱花即可。

莲藕脊骨汤

难度 初级　时间 2小时　口味 鲜咸味

材料

猪脊骨	500克
莲藕	300克
枸杞子	少许
姜片	10克
精盐	2小匙

做法

1 猪脊骨洗净，剁成大块，放入清水锅中焯煮3分钟，捞出，换清水漂洗干净；莲藕去皮，洗净，切成小块。

2 净锅置火上烧热，加入适量清水，放入猪脊骨块，用旺火烧沸，放入姜片，用小火煲30分钟。

3 放入莲藕块，转小火煮1小时，放入洗净的枸杞子，加入精盐调好口味，出锅装碗即可。

淮山炖排骨

难度 中级　　时间 60分钟　　口味 鲜咸味

材料

排骨	250克
山药	150克
枸杞子	10克
葱段、姜块	各25克
八角	5个
精盐	2小匙
料酒	1大匙
胡椒粉	少许

做法

1. 排骨洗净，剁成5厘米长的段（图1），放入冷水锅内烧沸，撇去浮沫，继续用旺火煮5分钟，捞出（图2），沥水；山药洗净，削去外皮（图3），切成段（图4）。

2. 锅置火上，加入清水、排骨段、姜块、葱段、八角和料酒（图5），用中火炖煮40分钟至排骨熟嫩，取出。

3. 把煮排骨的汤汁过滤，复置火上烧热，放入山药段煮5分钟（图6），倒入排骨段（图7），撒上枸杞子，加入精盐和胡椒粉调好口味即可。

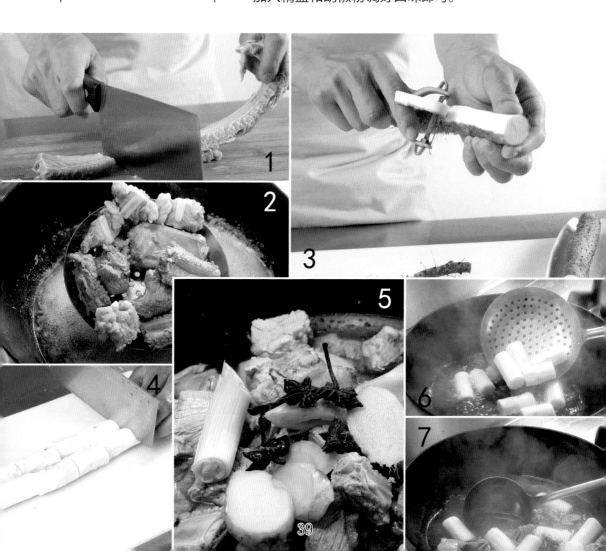

1
2
3
4
5
6
7

酸萝卜炖猪蹄

难度 中级　时间 75分钟　口味 鲜咸味

材料

猪蹄500克，泡酸萝卜200克

葱段、姜片各5克，精盐、味精各2小匙，料酒1大匙，生抽1小匙，胡椒粉、香油各1/2小匙

做法

1　猪蹄洗净，剁成块，放入清水锅中煮5分钟，捞出；泡酸萝卜切成小块，放入沸水锅内焯烫一下，捞出。

2　锅中加入适量清水烧沸，放入猪蹄块、料酒、葱段、姜片烧沸，撇净浮沫，转小火炖至八分熟。

3　放入酸萝卜块，加入精盐、味精、生抽、胡椒粉调好口味，继续炖至猪蹄块熟烂入味，出锅，盛入汤碗内，淋入香油即可。

灵芝炖猪蹄

难度 初级　时间 60分钟　口味 鲜咸味

材料

猪蹄	400克
鲜灵芝	15克
葱段、姜片	各15克
精盐	2小匙
味精	1小匙
料酒	2大匙

做法

1. 猪蹄刮洗干净，剁成小块，放入清水锅中烧沸，焯烫出血水，捞出猪蹄块，换冷水漂洗干净；鲜灵芝洗净，切成小片。

2. 净锅置火上，放入清水、猪蹄块、鲜灵芝片、葱段、姜片和料酒烧沸。

3. 用小火炖至猪蹄块熟烂，加入精盐、味精调好汤汁口味，出锅装碗即可。

红汤牛肉

难度 初级　时间 25分钟　口味 香辣味

材料

牛肉200克，水发香菇50克，红辣椒25克

八角、葱段、姜片各10克，精盐、淀粉、料酒、米醋、酱油、味精、鲜汤、香油、植物油各适量

做法

1　牛肉洗净，切成大片，加入料酒、精盐、淀粉拌匀，放入热油锅中炸至上色，捞出牛肉片，沥油；水发香菇去蒂，洗净；红辣椒去蒂、去籽，切成条。

2　净锅置火上，加上植物油烧至六成热，下入八角、葱片、姜片炝锅，加入鲜汤、水发香菇、酱油、料酒和米醋，放入牛肉片，用旺火煮5分钟。

3　转小火煮15分钟，加入红辣椒条，放入精盐、味精调味，出锅盛入汤碗中，淋入香油即可。

酸辣蹄筋汤

难度 中级　时间 30分钟　口味 酸辣味

材料

水发牛蹄筋300克，牛肉50克

精盐、胡椒粉各1小匙，酱油、料酒各2小匙，水淀粉1大匙，米醋、香油各2大匙，鸡汤适量

做法

1 水发牛蹄筋洗净，切成5厘米长的细条，放入沸水锅内焯烫一下，捞出、沥水。

2 牛肉洗净血污，切成小粒，放在碗内，加入胡椒粉、米醋和香油拌匀，腌渍10分钟。

3 净锅置火上，加入香油烧热，放入牛肉粒煸炒至变色，烹入料酒，加入鸡汤、酱油、牛蹄筋条、精盐煮至软烂入味，用水淀粉勾芡，出锅装碗即可。

43

羊肉冬瓜粉丝汤

难度 初级　时间 15分钟　口味 鲜咸味

材料

羊肉片200克，冬瓜150克，粉丝25克，香菜15克，枸杞子10克

精盐2小匙，胡椒粉少许，清汤适量

做法

1. 冬瓜洗净，削去外皮，去掉瓜瓤，切成厚片；粉丝用温水浸泡至涨发，捞出，剪成小段；香菜洗净，取嫩香菜叶；枸杞子洗净。

2. 净锅置火上，倒入清汤烧煮至沸，下入冬瓜片和羊肉片稍煮一下。

3. 加入精盐和胡椒粉，放入水发粉丝段、枸杞子，煮沸后撇去浮沫，撒上香菜叶即可。

当归炖羊肉

难度	时间	口味
初级	75分钟	鲜咸味

材料

羊肉	500克
当归	30克
姜片	15克
精盐	1大匙
味精	2小匙
胡椒粉	少许
羊肉汤	1000克

做法

1. 当归洗净，切成小片；羊肉剔去筋膜，洗净，放入沸水锅中焯烫去血水，捞出、过凉，沥水，切成5厘米长、2厘米宽的条。

2. 坐锅点火，加入羊肉汤，下入羊肉条、当归片和姜片，用旺火烧沸，撇去表面浮沫。

3. 转小火炖煮至羊肉条熟烂，加入胡椒粉、精盐、味精调好汤汁口味，出锅装碗即可。

参须枸杞炖老鸡

难度 初级　时间 60分钟　口味 鲜咸味

材料

净老母鸡	1只
人参须	15克
枸杞子	10克
葱段	25克
姜块	15克
精盐	2小匙
料酒	1大匙

做法

1. 将人参须用清水浸泡并洗净，沥净水分；净老母鸡剁去爪尖，把鸡腿别入鸡腹中，放入沸水锅内焯烫一下，捞出、沥水。

2. 净锅置火上，加入清水，放入老母鸡，加入葱段、姜块、料酒、人参须和枸杞子，用旺火烧沸。

3. 转小火炖40分钟至母鸡熟烂并出香味，加入精盐调好口味，离火上桌即可。

仔鸡瘦肉汤

难度 中级　｜　时间 3小时　｜　口味 鲜咸味

材料

净仔鸡、猪瘦肉各250克，白果、枸杞子、蜜枣各15克

料包1个(熟地、当归、党参、茯苓、白术、白芍各少许)，葱段、姜片各10克，精盐、味精各2小匙，肉汤适量

做法

1　将净仔鸡、猪瘦肉分别整理干净，沥去水分，均切成大块，放入沸水锅内焯烫一下，捞出、沥水。

2　净锅置火上，加上肉汤和适量清水，放入猪瘦肉块、鸡肉块、料包、葱段和姜片烧沸。

3　用小火炖2小时至熟，拣出料包、姜片、葱段不用，加上洗净的白果、枸杞子和蜜枣调匀，继续炖10分钟，加入精盐、味精调好口味，出锅装碗即可。

47

干贝菇鸡汤

难度 中级　时间 2小时　口味 鲜咸味

材料

净仔鸡1只，香菇50克，干贝25克，枸杞子10克

姜片15克，精盐、味精各2小匙，火腿汁1大匙，料酒2大匙，鲜奶、鸡汤各适量

做法

1. 净仔鸡放入沸水锅中焯烫5分钟，捞出，换清水洗净；香菇用清水浸泡至涨发，取出，去掉菌蒂；干贝放在小碗内，加上少许温水浸泡至涨发。

2. 仔鸡放入大汤碗中，放上干贝、香菇，加入鸡汤、火腿汁、味精、精盐、料酒和姜片。

3. 用保鲜纸密封，上笼用旺火蒸90分钟，拣去姜片，加入鲜奶和枸杞子，继续蒸15分钟，取出上桌即可。

三七母鸡汤

难度 初级　时间 2小时　口味 鲜咸味

材料

净母鸡1只，三七10克，枸杞子少许

葱段20克，姜片15克，精盐2小匙，味精、胡椒粉各1小匙，料酒2大匙，清汤适量

做法

1 净母鸡剁去鸡爪，洗净；枸杞子洗净；三七用清水浸泡至软，切成薄片。

2 净锅置火上，加入适量清水、少许精盐和料酒烧沸，放入净母鸡焯烫5分钟，捞出、过凉、沥水。

3 将枸杞子、三七片、姜片、葱段塞入母鸡腹内，放入净锅中，倒入清汤烧煮至沸，转小火炖煮约1.5小时，加入胡椒粉、料酒、精盐和味精调味，出锅装碗即可。

白果腐竹炖乌鸡

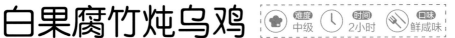

难度 中级　时间 2小时　口味 鲜咸味

材料

净乌鸡	1只
水发腐竹	200克
白果	150克
枸杞子	10克
精盐	1小匙
料酒	4小匙
鸡精	1/2大匙
胡椒粉	少许

做法

1 净乌鸡剁成骨牌块，放入清水锅中烧沸，小火煮约8分钟，捞出乌鸡块，沥净水分；白果剥去外壳，去掉白果心；水发腐竹切成小段，攥净水分。

2 锅内加入适量清水，放入乌鸡块、白果、枸杞子和水发腐竹段烧沸，加入精盐、料酒、鸡精和胡椒粉。

3 出锅倒入汤碗内，盖上汤碗盖，上笼，用中火蒸75分钟至乌鸡块软烂，取出，直接上桌即可。

野菌乌鸡汤

难度 中级　　时间 2小时　　国味 鲜咸味

材料	
净乌鸡	1只
牛肝菌	50克
红枣	25克
枸杞子	10克
葱段、姜片	各20克
精盐	1大匙
胡椒粉	1/2小匙
料酒	4小匙

做法

1 净乌鸡剁去乌鸡爪，放入清水锅中焯烫一下，捞出乌鸡，换清水洗净，剁成大块；牛肝菌洗净，切成大片；红枣、枸杞子洗净。

2 锅置火上，加入清水、料酒、精盐、葱段、姜片、胡椒粉，放入牛肝菌片、乌鸡块烧沸。

3 加上红枣和枸杞子，转小火炖至乌鸡块熟烂，拣出葱段、姜片不用，盛入汤碗中即可。

淮山老鸭汤

难度　初级　　时间　3小时　　口味　鲜咸味

材料

净老鸭	1只
淮山药	25克
枸杞子	15克
桂圆肉	10克
姜片	25克
精盐	2小匙
胡椒粉	少许

做法

1 净老鸭剁成大块，放入清水锅中焯烫5分钟，捞出，换清水洗净，沥净水分；桂圆肉、枸杞子分别洗净；淮山药洗净，切成小片。

2 净锅置火上，加入适量清水烧沸，放入老鸭块、桂圆肉、淮山药、枸杞子和姜片烧沸。

3 小火煲约2小时至老鸭块熟香，加入精盐、胡椒粉调好汤汁口味，出锅装碗即可。

人参煲乳鸽

难度 中级　时间 2.5小时　口味 鲜咸味

材料

净乳鸽1只，猪瘦肉50克，鲜人参1根，枸杞子5克

姜片10克，精盐2小匙，味精1小匙，胡椒粉少许，料酒1大匙

做法

1　鲜人参刷洗干净；枸杞子用清水泡软，洗净；猪瘦肉洗净，切成小块，同净乳鸽分别放入清水锅中焯烫去血水，捞出、冲净。

2　砂锅置火上，加入适量清水，放入净乳鸽、猪瘦肉块、人参、枸杞子、姜片和料酒烧沸。

3　用小火煲约2小时至熟香，加入精盐、味精、胡椒粉调好汤汁口味，直接上桌即可。

干贝豆腐汤

难度 中级　时间 45分钟　口味 鲜咸味

材料

豆腐300克, 干贝、水发香菇、豌豆粒、熟火腿各20克, 鸡蛋清3个

精盐、味精各1小匙, 料酒1大匙, 牛奶、清汤各适量

做法

1 把鸡蛋清放入深盘内, 加入豆腐、牛奶、精盐和味精搅拌均匀, 倒入汤盆中, 上笼, 用小火蒸20分钟, 取出, 用小刀划成菱形方块。

2 干贝用温水洗净, 放入碗中, 加入清汤和料酒, 上笼蒸10分钟, 取出; 水发香菇、熟火腿分别切成小片。

3 锅置火上, 滗入蒸干贝的原汁, 加上干贝、精盐、熟火腿片、香菇片和豌豆粒烧沸, 浇在豆腐上即可。

发菜豆腐汤

难度 中级　时间 30分钟　口味 鲜咸味

材料

豆腐400克，水发发菜100克，西红柿75克，冬笋、枸杞子各少许

精盐、料酒各1/2小匙，味精少许，水淀粉2小匙，植物油2大匙

做法

1 豆腐洗净，切成三角片，放入沸水锅中焯烫一下，捞出；西红柿去蒂，洗净，切成小片；冬笋洗净，切成小片，放入沸水锅内焯烫一下，捞出。

2 锅置火上，加入植物油烧至八成热，下入冬笋片稍炒，烹入料酒，放入水发发菜和枸杞子稍炒。

3 加入清水、豆腐片、西红柿片煮5分钟，加入精盐、味精调好口味，用水淀粉勾芡，出锅装碗即可。

白菜豆腐汤

难度 初级　　时间 25分钟　　口味 鲜咸味

材料

豆腐	200克
白菜	150克
葱花、姜片	各5克
精盐	1小匙
味精、胡椒粉	各少许
香油	2小匙
鲜汤	750克
植物油	5小匙

做法

1 将白菜去根和老叶，取白菜嫩叶和菜帮儿，白菜叶撕成小块，白菜帮儿切成条；豆腐沥去水分，切成小方块。

2 坐锅点火，加入植物油烧热，下入葱花、姜片炒香，放入白菜帮儿条煸炒至软，滗出锅内的水分。

3 添入鲜汤烧沸，放入豆腐块，用旺火煮8分钟，加入白菜叶，放入精盐煮2分钟，加入味精、胡椒粉、香油煮至入味，出锅装碗即可。

蛋黄豆腐

难度 中级　时间 25分钟　口味 鲜咸味

材料

豆腐1块（约250克），鸭蛋黄75克，香菜25克，香葱15克

精盐1小匙，鸡精1/2小匙，生抽、水淀粉各1大匙，植物油4小匙

做法

1　豆腐切成小块，放入沸水锅内焯烫一下，捞出、沥水；香葱洗净，切成香葱花；香菜去根和老叶，洗净，切成碎末；鸭蛋黄压碎成鸭蛋黄蓉。

2　净锅置火上，加入植物油烧至五成热，下入鸭蛋黄蓉煸炒出香味，倒入适量清水煮沸。

3　放入豆腐块，加入生抽、鸡精、精盐调好口味，用水淀粉勾薄芡，撒上香葱花、香菜末，出锅装碗即可。

竹荪炖鸽蛋

难度　初级　　时间　60分钟　　口味　鲜咸味

材料

鸽蛋150克,竹荪50克,油菜心40克

精盐、味精各1小匙,鸡精、胡椒粉各1/2小匙,米醋少许,清汤1000克

做法

1　将竹荪放入温水中,加入米醋浸泡15分钟,捞出、冲净,切成4厘米长的段;油菜心洗净,切成小段。

2　将鸽蛋洗净,放入清水锅中煮5分钟至熟,捞出、过凉,剥去外壳。

3　鸽蛋、竹荪段和油菜心码放在汤碗内,添入清汤,入锅隔水炖30分钟,加入精盐、味精、鸡精、胡椒粉调好口味,直接上桌即可。

酸辣鸡蛋汤

难度 初级　时间 15分钟　口味 酸辣味

材料

鸡蛋2个，水发木耳、红辣椒、香菜各15克

精盐、酱油各2小匙，米醋、水淀粉各1大匙，胡椒粉、香油各1小匙，清汤适量

做法

1 将鸡蛋磕入大碗中，加入少许清汤和精盐搅匀成鸡蛋液；水发木耳切成丝；香菜去根和老叶，洗净，切成小段；红辣椒洗净，去蒂及籽，切成细丝。

2 净锅置火上，加入清汤、红辣椒丝、水发木耳丝、精盐、米醋、酱油和胡椒粉煮沸，撇去表面浮沫。

3 用水淀粉勾薄芡，淋入鸡蛋液煮至定浆，起锅，盛入汤碗中，撒上香菜段，淋入香油即可。

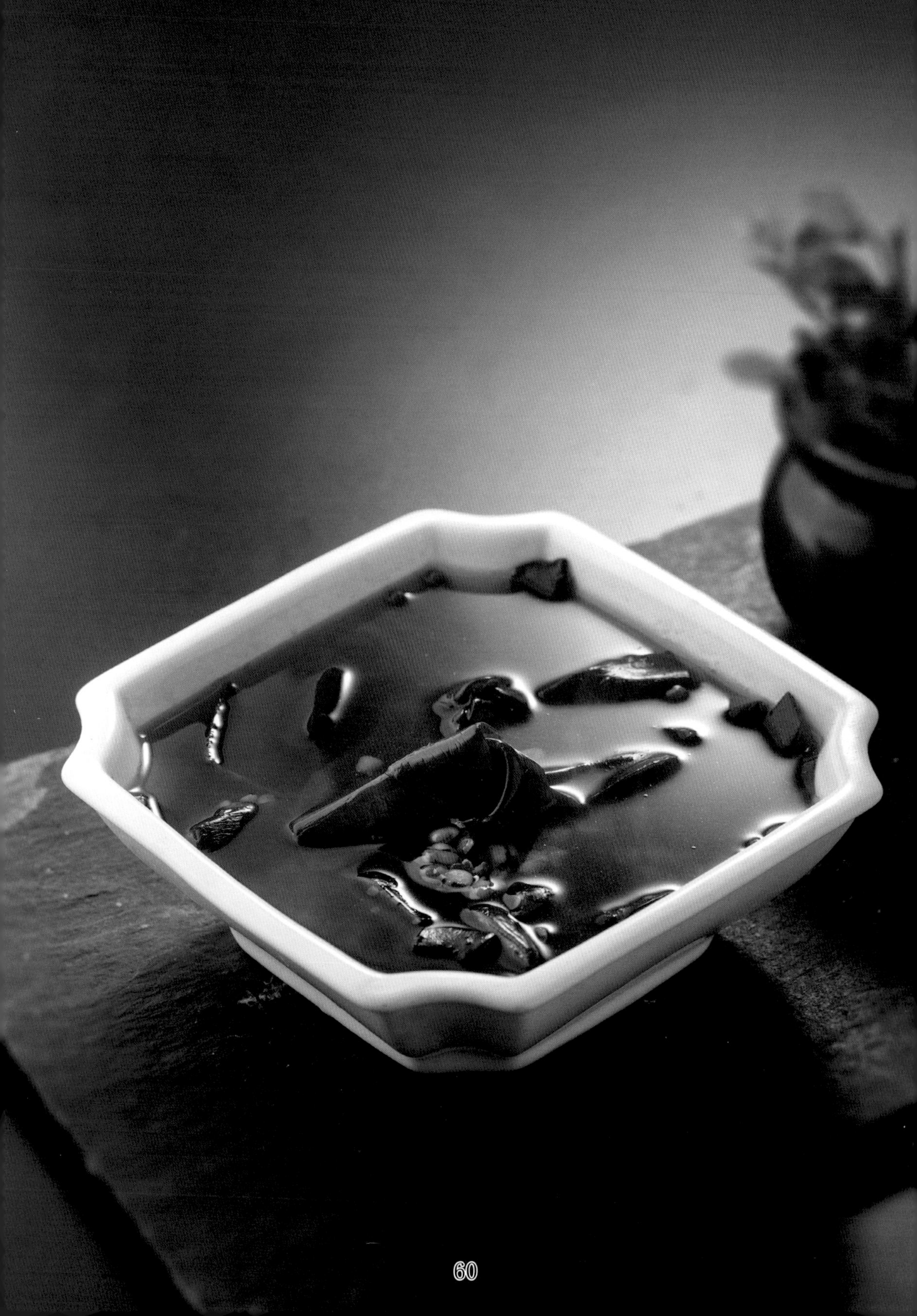

海带绿豆汤

难度 初级　　时间 5小时　　口味 香甜味

材料

水发海带	150克
绿豆	50克
冰糖	适量

做法

1 绿豆淘洗干净，放入容器内，倒入适量的温水（图1），浸泡4小时；水发海带洗净，切成条，打成海带扣。

2 净锅置火上，加入清水，放入绿豆（图2），用中火煮10分钟（图3），转小火煮25分钟至近熟（图4）。

3 放入水发海带扣（图5），加入冰糖（图6），用旺火煮约10分钟至绿豆软烂（图7），出锅上桌即可。

砂锅鱼头煲

难度 初级 ｜ 时间 45分钟 ｜ 调味 鲜咸味

材料

鱼头1个，菠菜125克，香菜25克，香葱15克

姜片10克，精盐2小匙，料酒1大匙，牛奶4大匙，熟猪油少许，植物油适量

做法

1 菠菜去根，洗净，切成小段；香菜洗净，切成碎末；香葱择洗干净，切成香葱花；鱼头去掉鱼鳃，刮净黑膜，洗净，放入烧热的油锅内煎至上色，取出。

2 锅置火上，倒入清水煮至沸，放入鱼头和姜片，再沸后撇去表面浮沫，加入熟猪油和料酒煮匀。

3 加入牛奶，用中火煲至鱼头熟嫩，加入精盐调好口味，放入菠菜段稍煮，撒入香菜碎、香葱花即可。

鲫鱼冬瓜汤

难度 初级　时间 40分钟　口味 鲜咸味

材料

鲫鱼1条（约300克），冬瓜200克，香菜段25克

葱段、姜块各15克，料酒1大匙，精盐2小匙，植物油适量

做法

1　鲫鱼收拾干净，放入清水锅内焯烫一下，取出，刮净鱼皮表面的黑膜，擦净水分，放入油锅内煎至表面变色，取出；冬瓜去皮、去瓤，洗净，切成小片。

2　锅中加入清水烧沸，放入鲫鱼、葱段和姜块，烹入料酒煮至沸，撇去浮沫，盖上锅盖，用旺火煮10分钟。

3　下入冬瓜片，继续煮至冬瓜片呈半透明状态，捞出葱、姜不用，加入精盐调好口味，撒上香菜段即可。

酸辣鱼丝汤

| 难度 中级 | 时间 25分钟 | 口味 酸辣味 |

材料

鲤鱼肉200克，黄瓜50克，鸡蛋清1个，香菜叶15克

葱丝、姜丝各10克，精盐、味精各1小匙，胡椒粉、淀粉、酱油、料酒、水淀粉、白醋、植物油各适量

做法

1　黄瓜洗净，切成细丝；鲤鱼肉洗净，切成丝，放入碗中，加入鸡蛋清和淀粉抓匀，放入烧至四成热的油锅中滑散、滑透，捞出、沥油。

2　锅中留少许底油，复置火上烧热，下入葱丝、姜丝炝锅，烹入白醋，添加清水，加入料酒、酱油、精盐烧沸，撇去表面的浮沫。

3　放入鱼肉丝、黄瓜丝，加入味精、胡椒粉调匀，用水淀粉勾芡，撒上香菜叶，出锅装碗即可。

鲫鱼莼菜汤

难度 中级　时间 30分钟　口味 鲜咸味

材料

鲫鱼1条，莼菜150克

姜片15克，葱段10克，精盐、味精各1小匙，料酒1大匙，胡椒粉、香油各少许，植物油2大匙，猪骨汤750克

做法

1 将鲫鱼宰杀，去掉鱼鳞、鱼鳃，除去内脏，洗涤整理干净；莼菜漂洗干净，沥去水分。

2 锅置火上，加入植物油烧热，下入鲫鱼煎至两面上色，烹入料酒，放入葱段和姜片。

3 加入猪骨汤煮至沸，放入莼菜，用小火煮至鲫鱼熟嫩，放入精盐、味精、胡椒粉调好口味，淋入香油，出锅装碗即可。

蟹粉虾球煲

難度 中级　時间 45分钟　口味 鲜咸味

材料

基围虾250克，海蟹2只，香菜段10克

葱段、姜片各15克，精盐、味精各2小匙，鸡精、料酒、胡椒粉各少许，清汤1000克，植物油1大匙

做法

1 海蟹刷洗干净，放入蒸锅内蒸至熟，取出，剔出蟹黄和蟹肉；基围虾洗净，从脊背片开，挑去虾线，放入容器内，加入精盐、胡椒粉拌匀，腌渍5分钟。

2 净锅置火上，加上植物油烧热，下入姜片、葱段炝锅，放入基围虾、蟹肉和蟹黄，烹入料酒，添入清汤。

3 加入精盐、味精、鸡精、胡椒粉烧沸，用小火煮30分钟，撒入香菜段，离火上桌即可。

清汤鲍鱼丸

难度 高级　　时间 40分钟　　口味 鲜咸味

材料

净虾肉300克，罐头鲍鱼6个，芹菜粒75克，肥肉粒50克，火腿蓉25克，鸡蛋清2个

精盐、味精各1小匙，胡椒粉、生抽各少许，清汤适量

做法

1 取出罐头鲍鱼，切成丝；净虾肉剁成蓉，加入精盐、味精、鸡蛋清搅匀打成虾胶，再加入肥肉粒和鲍鱼丝拌匀成馅料，团成圆形鲍鱼丸，放入盘中。

2 芹菜粒放入沸水锅中焯熟，捞出、过凉、沥净，与火腿蓉分别酿在鲍鱼丸上，入笼蒸5分钟至熟，取出。

3 净锅置火上，加入清汤、味精、精盐、生抽烧沸，加入蒸好的鲍鱼丸，撒入胡椒粉调匀，装碗上桌即可。

第二章

主食

荷叶玉米须粥

难度 初级　时间 75分钟　口味 香甜味

材料

大米	100克
鲜荷叶	1张
玉米须	30克
冰糖	25克

做法

1 将大米淘洗干净；鲜荷叶洗净，切成3厘米大小的块；玉米须洗净。

2 将鲜荷叶和玉米须放入锅中，加入适量清水烧沸，用小火煮15分钟。

3 倒入淘洗好的大米，加入清水和冰糖，用旺火烧沸，改用小火煮至米烂成粥，装碗上桌即可。

山楂黑豆粥

难度 初级　｜　时间 5小时　｜　口味 香甜味

材料

大米	100克
黑豆	50克
山楂	15克
冰糖	适量

做法

1　将山楂洗净，去核；黑豆洗净，放入清水中浸泡4小时；大米淘洗干净，放入清水中浸泡2小时。

2　净锅置火上，加入清水，放入大米、黑豆、山楂和冰糖，用旺火烧沸，转小火煮约40分钟，待米粒开花、浓稠时，出锅装碗即可。

什锦虾仁粥

难度 中级　时间 90分钟　口味 鲜咸味

材料

大米、虾仁各100克，香菇、胡萝卜各25克，松花蛋1个

葱花15克，精盐1小匙，香油2小匙，味精、胡椒粉各少许

做法

1　香菇用温水浸泡至涨发，去掉蒂，切成小丁；大米淘洗干净；松花蛋剥去外壳，切成丁。

2　虾仁剔去虾线，放入沸水锅内焯烫一下，捞出、沥净；胡萝卜去根、去皮，切成小丁。

3　大米放入锅中，加入适量清水煮成米粥，放入虾仁、香菇丁、胡萝卜丁煮10分钟，加入精盐、味精、香油、胡椒粉调好口味，撒入葱花，出锅装碗即可。

雪梨青瓜粥

难度 初级　时间 15分钟　口味 香甜味

材料

糯米稀粥	250克
雪梨	1个
黄瓜(青瓜)	50克
山楂糕	1块
冰糖	1大匙

做法

1 雪梨削去外皮, 去掉果核, 用清水洗净, 切成小块; 黄瓜刷洗干净, 沥净水分, 切成小丁; 山楂糕切成小丁。

2 净锅置火上, 倒入糯米稀粥烧煮至沸, 下入雪梨块、黄瓜丁和山楂丁稍煮, 加入冰糖搅拌均匀, 中火煮至冰糖完全溶化, 装碗上桌即可。

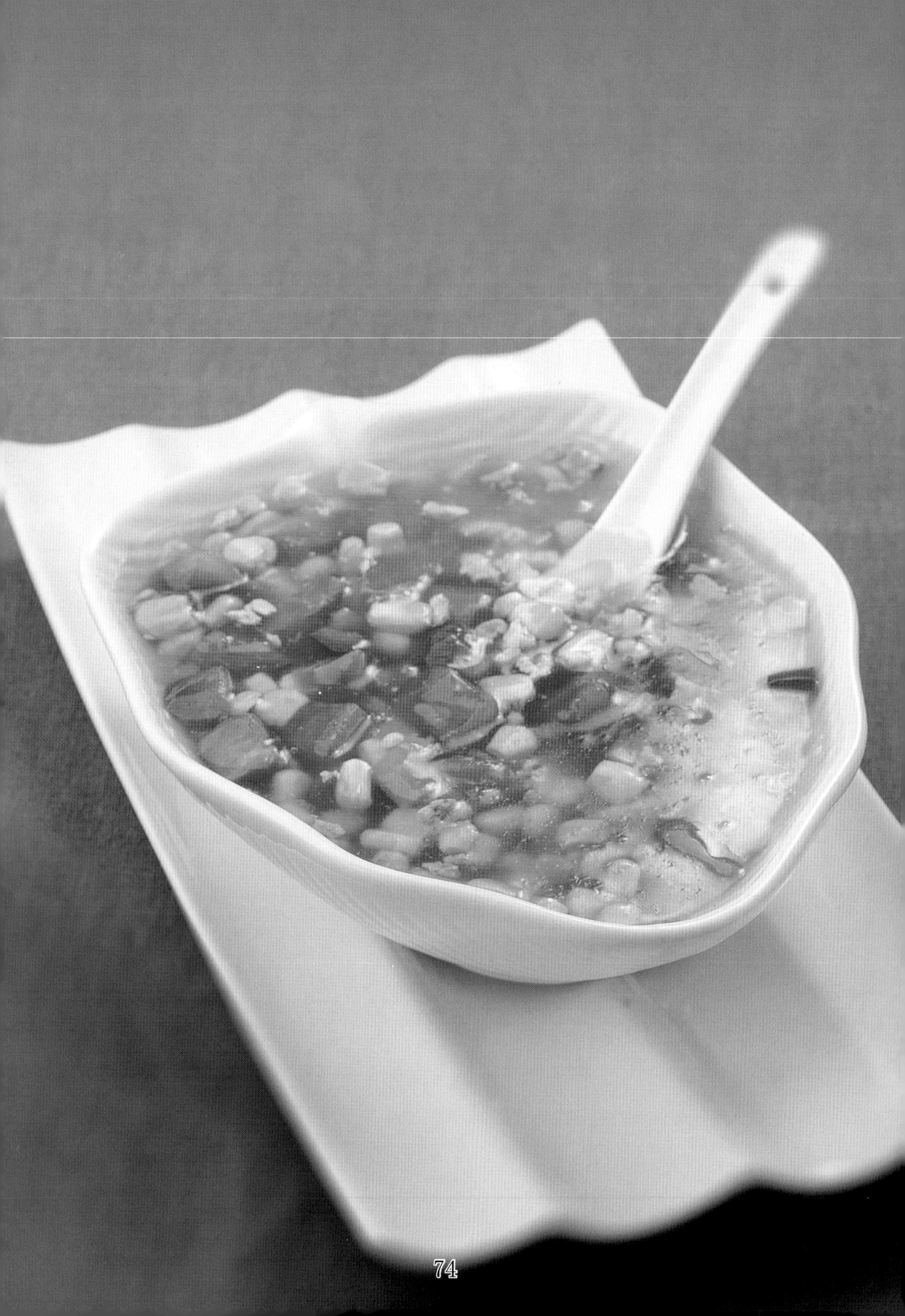

牛肉玉米羹

难度　初级　　时间　30分钟　　口味　鲜咸味

材料

玉米粒	200克
牛肉	150克
西红柿	75克
精盐	1小匙
香油	少许

做法

1 玉米粒洗净，放入沸水锅内焯烫一下，捞出、沥水；西红柿去蒂，洗净，切成小粒。

2 牛肉去掉筋膜，切成大厚片（图1），改成1厘米粗的长条（图2），切成小丁（图3）。

3 锅内加入清水，倒入牛肉粒煮至变色（图4），放入玉米粒煮5分钟（图5），撇去浮沫（图6），加入精盐（图7），放入西红柿粒煮10分钟，淋入香油即可。

金银黑米粥

难度 初级　时间 5小时　口味 香甜味

材料

黑米	100克
金银花	20克
冰糖	适量

做法

1 将黑米淘洗干净，放入清水中浸泡4小时；金银花用温水浸泡，洗净。

2 净锅置火上烧热，加入适量清水，放入黑米和金银花煮至沸，改用小火煮40分钟至米烂、粥熟，加入冰糖煮至溶化，出锅装碗即可。

蒲菜粥

（难度）初级　（时间）3小时　（口味）鲜咸味

材料

玉米粒	100克
蒲菜	150克
精盐	少许

做法

1. 将蒲菜去除老皮，用清水洗净，下入沸水锅中焯烫至透，捞出、冲凉，切碎；玉米粒淘洗干净，放入清水中浸泡2小时。

2. 净锅置火上，加入适量清水，放入玉米粒，用旺火煮沸，放入蒲菜，改用小火煮至粥成，加入精盐调好口味，出锅装碗即可。

冬瓜鸭粥

难度 中级　时间 90分钟　口味 鲜咸味

材料

大米150克，净鸭腿1个，冬瓜100克

葱段、姜片各10克，精盐1小匙，味精1/2小匙，料酒、酱油各1大匙，植物油适量

做法

1. 将冬瓜洗净，去掉瓜瓤（保留冬瓜皮），切成大块；净鸭腿涂抹上酱油，放入热油锅内炸上颜色，捞出、沥油，剁成大块。

2. 锅内加入植物油烧热，放入葱段、姜片炝锅，加入清水、鸭腿块、料酒烧沸，倒入淘洗好的大米。

3. 用小火煮至鸭块熟烂，加入冬瓜块，继续煮约10分钟，放入精盐、味精调好口味，出锅上桌即可。

猪脑粥

材料

大米	100克
猪脑	250克
枸杞了	10克
葱末、姜末	各5克
精盐	少许
味精	1/2小匙
料酒	1大匙

做法

1 猪脑放入清水中浸泡，挑除血筋，下入沸水锅内焯烫一下，捞出、沥水，装入碗中，加入葱末、姜末和料酒，放入蒸锅内蒸至熟，取出。

2 净锅置火上，加入适量清水煮沸，滗入蒸猪脑的原汤，放入淘洗好的大米，中火熬煮至粥熟。

3 加入猪脑，继续煮10分钟，放入精盐、味精调好口味，撒上洗净的枸杞子稍煮，装碗上桌即可。

香甜南瓜粥

难度	时间	口味
初级	90分钟	香甜味

材料

南瓜	200克
大米	100克
白糖	适量

做法

1. 将南瓜削去外皮，去掉瓜瓤，洗净，切成小块；大米淘洗干净，放入清水中浸泡1小时。

2. 坐锅点火，加入适量清水，放入大米煮至沸，加入南瓜块，用小火煮30分钟至熟透，加入白糖煮至溶化，出锅装碗即可。

薏米红枣粥

難度 中级　时间 6小时　口味 香甜味

材料		做法
薏米	150克	**1** 将薏米、糯米分别放入清水中浸泡5小时,再换清水淘洗干净;红枣去掉果核,洗净。
糯米	50克	
红枣	75克	**2** 净锅置火上,加入适量清水煮沸,倒入淘洗好的薏米,用中火煮40分钟,下入糯米,继续煮20分钟,放入红枣,加入冰糖和糖桂花煮10分钟,出锅装碗即可。
糖桂花	1大匙	
冰糖	50克	

果脯地瓜饭

难度
初级　　时间
2小时　　口味
香甜味

材料		做法
大米	150克	
地瓜	100克	
什锦果脯	75克	
白糖	50克	

1 将大米淘洗干净，放入清水中浸泡1小时，沥净水分，装入电饭锅内，加入适量清水，盖上锅盖，焖10分钟至米饭近熟。

2 把地瓜刷洗干净，削去外皮，切成滚刀块，放入盛有米饭的电饭锅内，撒上洗净的什锦果脯，加入白糖，再盖上锅盖，继续焖10分钟至熟，出锅上桌即可。

辣白菜炒饭

难度 中级　　时间 60分钟　　口味 鲜辣味

材料

大米饭400克, 五花肉150克, 辣白菜100克

葱末、姜末各5克, 精盐、味精、白糖、酱油、料酒、植物油各少许

做法

1 将五花肉洗净, 放入清水锅内, 用中火煮至熟, 捞出、凉凉, 沥水, 切成薄片; 辣白菜去根, 切成小段。

2 净锅置火上, 加入植物油烧至六成热, 放入葱末、姜末炝锅出香味, 烹入料酒, 下入熟五花肉片和辣白菜段煸炒片刻。

3 加入酱油、精盐、味精和白糖, 倒入大米饭拌炒均匀, 出锅装碗即可。

香菇菜心饭

难度 初级　时间 25分钟　口味 鲜咸味

材料

大米饭400克，香菇75克，油菜心50克，鸡蛋1个

葱末少许，精盐1小匙，味精、胡椒粉各少许，植物油2小匙

做法

1　香菇洗净，去蒂，切成小块，放入沸水锅中焯烫一下，捞出；油菜心洗净，沥水，切成粒；鸡蛋磕入碗中，搅散成鸡蛋液。

2　锅置火上，加入植物油烧热，放入鸡蛋液炒至定浆，加入葱末爆香。

3　下入香菇块、大米饭翻炒片刻，加入精盐、味精、胡椒粉和油菜粒炒拌均匀，出锅装碗即可。

羊肉蔬菜饭

难度 中级　时间 25分钟　口味 鲜咸味

材料

大米饭400克，羊肉片100克，圣女果、青椒、蒜苗各25克，鸡蛋1个

蒜末5克，精盐、胡椒粉、鸡精各1小匙，植物油适量

做法

1 圣女果去蒂，洗净，切成片；青椒去蒂，切成小块；蒜苗洗净，切成小段；羊肉片放入油锅内炒至熟嫩，捞出；鸡蛋磕入碗内搅匀，倒入热油锅内炒至熟，取出。

2 净锅置火上烧热，放入植物油烧热，加入蒜苗段、蒜末炒香，加入青椒块、熟羊肉片和熟炒蛋炒匀。

3 加入大米饭，用旺火翻炒一下，放入精盐、胡椒粉、鸡精，放入圣女果片炒拌均匀，出锅上桌即可。

咖喱火腿饭

难度 高级　时间 25分钟　口味 咖喱味

材料

大米饭1大碗,土豆、洋葱、胡萝卜、火腿肠各75克

咖喱酱2大匙,精盐1小匙,植物油1大匙

做法

1　土豆去皮,切成丁(图1);胡萝卜去皮,切成丁(图2);洋葱洗净,切成丁(图3);火腿肠切成丁(图4)。

2　将土豆丁、胡萝卜丁放入沸水锅内焯烫一下,捞出(图5),沥净水分。

3　锅内加入植物油烧热,放入洋葱丁、胡萝卜丁、土豆丁、火腿肠丁和咖喱酱(图6),用旺火炒匀,加入精盐和清水烧沸,倒在盛有大米饭的盘内即可(图7)。

板栗油鸡饭

难度　中级　　时间　60分钟　　口味　鲜咸味

材料

大米、小米各100克，
鸡腿肉200克，杏仁、
栗子、胡萝卜各50克

葱末、姜末各15克，
精盐、酱油各1小匙，
胡椒粉、蚝油各1/2小
匙，植物油2大匙

做法

1. 栗子剥去外壳，去掉内膜，洗净，切成粒；胡萝卜洗净，切成粒；大米、小米淘洗干净，放入蒸锅内蒸成米饭，加入杏仁拌匀。

2. 鸡腿肉切成小块，加入少许精盐、酱油、蚝油、胡椒粉拌匀，腌渍片刻。

3. 锅置火上，加入植物油烧热，放入鸡肉块和胡萝卜粒炒散，加入精盐、葱末、姜末、米饭和栗子翻炒均匀，出锅，倒入电饭煲中，再煲10分钟即可。

美味叉烧饭

难度 中级　时间 25分钟　口味 鲜咸味

材料

大米饭400克，叉烧肉100克，鸡蛋2个

葱花15克，料酒、精盐各1小匙，味精、胡椒粉各少许，酱油、植物油各1大匙

做法

1 叉烧肉切成小细条；鸡蛋磕入碗内，加入少许精盐拌匀成鸡蛋液。

2 净锅置火上，加入植物油烧至六成热，加入葱花炒香，烹入料酒，加入义烧肉条、酱油、精盐、味精、胡椒粉翻炒均匀。

3 下入大米饭，用中火翻炒至入味，淋入鸡蛋液翻拌至定浆，再用旺火翻炒片刻，出锅装碗即可。

89

虾蔬果饭

难度 中级　时间 25分钟　口味 鲜咸味

材料

大米饭400克, 虾仁100克, 洋葱、玉米粒、豌豆粒、胡萝卜、净菠萝各50克

精盐、鸡精、酱油、胡椒粉各1/2小匙, 植物油2大匙

做法

1 将虾仁洗净, 除去虾线; 洋葱、胡萝卜去皮, 洗净, 切成粒; 净菠萝用淡盐水浸泡片刻, 捞出, 也切成粒。

2 净锅置火上, 加入植物油烧至六成热, 放入胡萝卜粒、洋葱粒煸炒出香味, 放入虾仁炒至熟, 加入精盐、酱油炒匀。

3 放入豌豆粒、玉米粒、菠萝粒、鸡精、胡椒粉煸炒片刻, 倒入大米饭, 快速翻炒均匀, 出锅上桌即可。

原盅滑鸡饭

难度 中级 | 时间 25分钟 | 口味 鲜咸味

材料

大米饭400克，鸡胸肉200克，香菇25克

姜片5克，大葱15克，蚝油、胡椒粉、香油各1/2小匙，精盐1小匙

做法

1 鸡胸肉洗净，切成小块；香菇用温水浸泡至软，去蒂，切成块；大葱洗净，切成3厘米长的小段。

2 将鸡肉块放入大碗中，加入香菇块、姜片、葱段、蚝油、精盐、胡椒粉和香油拌匀，放入蒸锅中，用旺火蒸8分钟。

3 取出蒸好的鸡块，倒入砂锅内，加入大米饭拌匀，用小火焖5分钟，离火上桌即可。

什锦炒饭

难度 中级　　时间 25分钟　　口味 鲜咸味

材料

大米饭250克，猪肉丝100克，鸡蛋皮1个，叉烧肉、水发木耳、蟹柳、芥蓝各25克

精盐、味精各少许，料酒、酱油各1小匙，植物油2大匙

做法

1　猪肉丝加入少许植物油、料酒、酱油拌匀，放入热锅内煸炒至熟，取出；鸡蛋皮、叉烧肉、水发木耳、蟹柳切成丝；芥蓝择洗干净，切成小片。

2　净锅置火上，加入植物油烧至六成热，下入猪肉丝、蛋皮丝、叉烧肉丝、水发木耳、蟹柳和芥蓝片炒香。

3　加入大米饭，用旺火快速翻炒均匀，放入精盐、味精调好口味，出锅装碗即可。

翡翠蛋炒饭

难度 中级　时间 25分钟　口味 鲜咸味

材料

大米饭400克，西芹100克，腊肠75克，豌豆粒、生菜各50克，鸡蛋1个

葱花少许，精盐1/2小匙，生抽2小匙，植物油适量

做法

1　生菜洗净，切成丝；西芹去根，洗净，切成小粒；腊肠切成粒，放入热油锅内煸炒一下，取出；鸡蛋磕入碗内，搅拌均匀成鸡蛋液。

2　净锅置火上，加入植物油烧至六成热，倒入鸡蛋液炒至熟嫩，撒上葱花稍炒。

3　倒入大米饭翻炒均匀，加入西芹粒、豌豆粒、生菜丝、腊肠粒、精盐、生抽炒匀，出锅上桌即可。

烂锅面

难度 中级　时间 25分钟　口味 鲜咸味

材料

面条400克, 白菜心150克, 猪瘦肉75克

葱末、姜末各10克, 精盐2小匙, 味精1/2小匙, 料酒1小匙, 肉汤750克, 植物油1大匙

做法

1　猪瘦肉去掉筋膜, 洗净, 切成片, 加上少许精盐和料酒拌匀; 白菜心洗净, 撕成小块。

2　净锅置火上, 加入植物油烧热, 放入葱末、姜末炒香, 加入猪肉丝煸炒至熟, 放入白菜心略炒, 加入精盐、料酒、肉汤煮沸, 捞出猪肉片和白菜心。

3　将面条下到汤锅内, 用中火煮至面条熟烂, 加入味精, 出锅倒入面碗内, 放入猪肉片和白菜心即可。

特色炸酱面

难度 中级　　时间 25分钟　　口味 鲜咸味

材料

手擀面400克，五花肉75克，香菇25克，黄瓜丝少许

葱花15克，蒜末10克，黄酱、甜面酱各2大匙，料酒1大匙，植物油适量

做法

1　五花肉切成小丁；香菇洗净，去蒂，切成丁；黄酱、甜面酱放在碗内，加入少许清水调拌均匀成酱汁。

2　净锅置火上，加上植物油烧热，放入五花肉丁炒至干香，下入葱花、蒜末、酱汁、料酒炒匀，放入香菇丁，用小火熬煮至浓稠，出锅成炸酱面卤。

3　手擀面放入清水锅内煮至熟，捞出、过凉，沥水，放入面碗内，摆上黄瓜丝，同炸酱面卤一同上桌即可。

牛肉炒面

难度 中级　时间 60分钟　口味 鲜咸味

材料

面粉300克，牛肉100克，青椒丝、红椒丝25克

葱丝、姜丝各10克，精盐1小匙，料酒、酱油各2小匙，肉汤、植物油各适量

做法

1　牛肉切成细丝；面粉放在容器内，加入冷水和少许精盐，搓揉成面团，擀成大片，折叠后切成面条。

2　净锅置火上，加入适量清水烧沸，下入面条煮至熟，捞出面条，过凉，沥去水分。

3　净锅置火上，加入植物油烧热，放入葱丝、姜丝和牛肉丝略炒，烹入料酒，加入肉汤、精盐和酱油，放入熟面条、青椒丝、红椒丝翻炒均匀，出锅上桌即可。

意式肉酱面

难度 高级　时间 30分钟　口味 酱香味

材料

意大利面400克，牛肉末、西红柿、洋葱、西芹、胡萝卜各适量

姜末10克，蒜蓉25克，番茄酱4小匙，酱油2小匙，黑胡椒、黄油、芝士粉各少许

做法

1　西芹、胡萝卜、洋葱分别洗净，切成碎末；西红柿切成小丁；意大利面放入清水锅内煮至熟，捞出、沥水。

2　锅置火上，放入黄油、牛肉末、洋葱末、姜末、西芹末、胡萝卜末煸炒，加入番茄酱、酱油、黑胡椒煮20分钟至浓稠，出锅，加入西红柿丁成肉酱汁。

3　锅内加入黄油和蒜蓉炒出香味，倒入意大利面炒匀，出锅，倒在深盘内，淋上肉酱汁，撒上芝士粉即可。

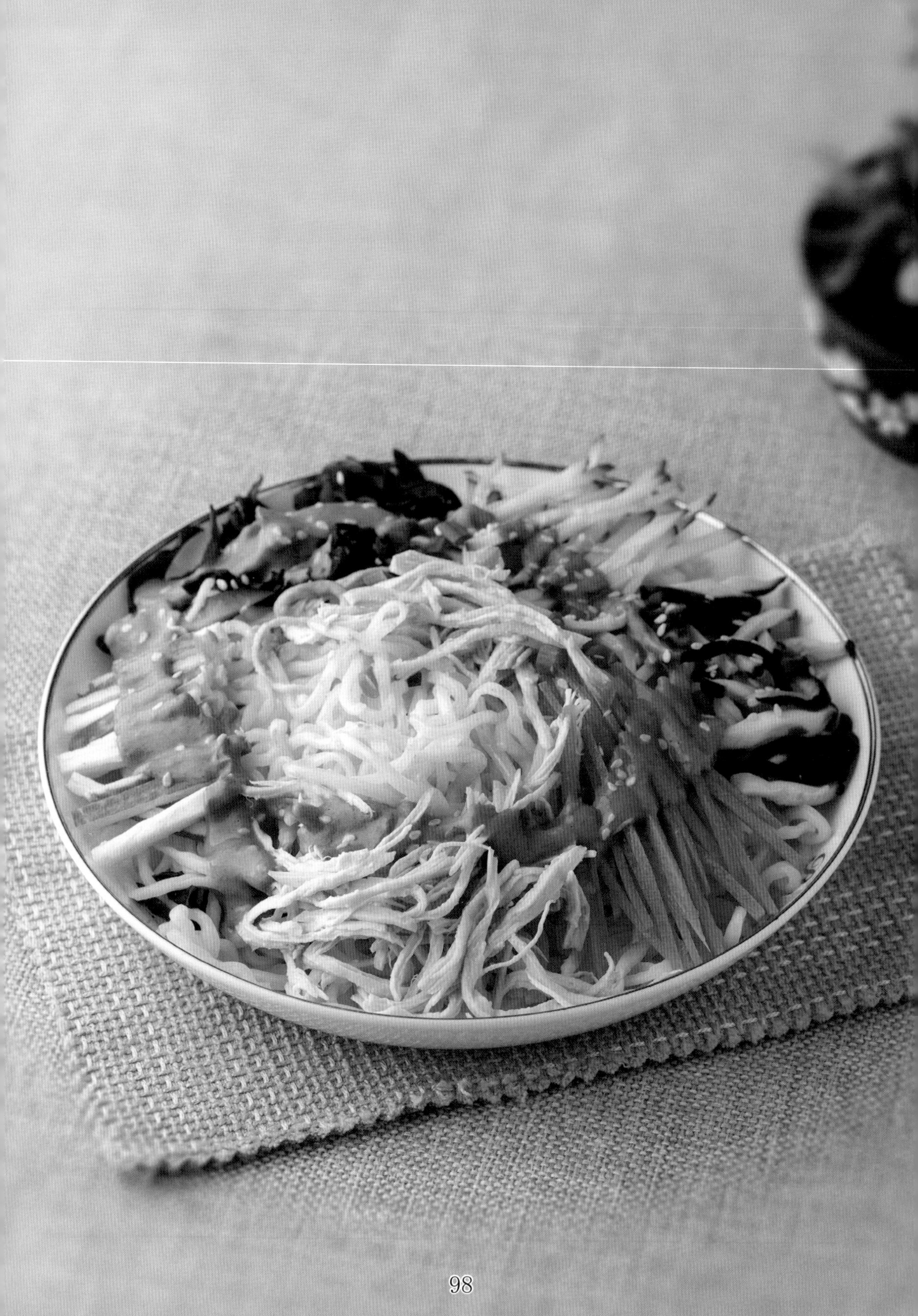

五彩鸡丝拌面

难度 初级　时间 25分钟　口味 鲜咸味

材料

手擀面400克，熟鸡胸肉100克，胡萝卜、黄瓜、水发木耳、香菇、蟹柳各25克，香葱花、熟芝麻各少许

芝麻酱2大匙，精盐1小匙，生抽、白糖各2小匙，香油少许

做法

1　芝麻酱放在碗内，加入精盐、生抽、白糖、香油和少许清水（图1），搅拌均匀成麻酱汁（图2）。

2　胡萝卜去皮，切成细丝（图3）；黄瓜、香菇、水发木耳择洗干净，均切成丝；熟鸡胸肉撕成丝（图4）；蟹柳去掉薄膜（图5），切成丝。

3　手擀面放入清水锅内煮至熟（图6），捞出、过凉，沥净水分，码放在盘内，摆上各种丝料，撒上香葱花和熟芝麻，淋上调好的麻酱汁即可（图7）。

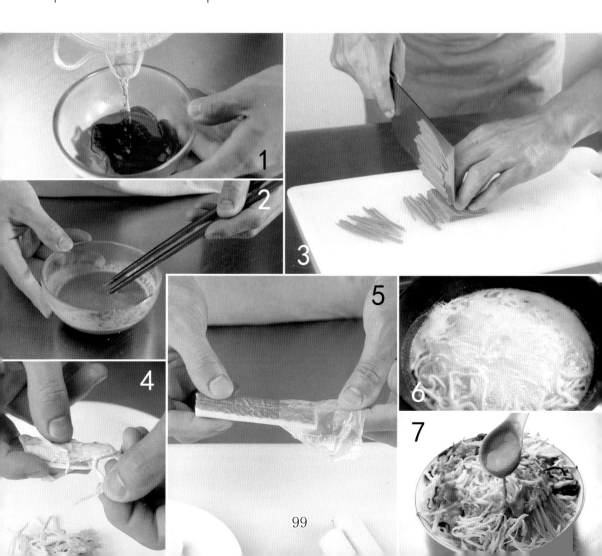

99

什锦拌面

难度 中级　时间 20分钟　口味 酱香味

材料

荞麦面条400克，熟鸡肉、熟火腿、黄瓜、黄花菜、胡萝卜丝各适量

蒜末20克，精盐、白糖、味精各1小匙，芝麻酱2大匙，米醋、辣椒油、花椒油各2小匙

做法

1 熟鸡肉、熟火腿分别切成细丝；黄花菜洗净，放入沸水锅内焯烫一下，捞出、沥水；黄瓜洗净，切成丝。

2 芝麻酱放在碗内，加入温开水、精盐、米醋、味精、白糖、辣椒油和花椒油，搅拌均匀成酱汁。

3 净锅置火上，加入清水煮沸，倒入荞麦面条煮至熟，捞出，倒入面碗内，放入熟鸡肉丝、黄花菜、黄瓜丝、胡萝卜丝、火腿丝，淋上酱汁，撒上蒜末即可。

两面黄盖浇面

难度 中级　时间 30分钟　口味 鲜咸味

材料

鸡蛋面200克,猪瘦肉150克,水发香菇、胡萝卜、冬笋、青椒、红椒、洋葱各25克

精盐、味精、胡椒粉各1小匙,料酒1大匙,香油、植物油各适量

做法

1　水发香菇、冬笋、胡萝卜、洋葱、青椒、红椒均择洗干净,切成丝;猪瘦肉洗净,也切成丝。

2　鸡蛋面放入清水锅内煮至熟,捞出、过凉,沥净水分,放入热油锅中煎至金黄色,捞出,码放在盘内。

3　净锅置火上,加入植物油烧热,下入洋葱丝、猪肉丝、香菇丝、胡萝卜丝、冬笋丝、青椒丝、红椒丝炒匀,加入料酒、胡椒粉、精盐和味精,淋入香油,浇在鸡蛋面上即可。

炒方便面

难度 初级　时间 15分钟　口味 鲜咸味

材料

方便面1包，西红柿100克，净油菜50克，火腿肠25克

大葱、蒜瓣各5克，精盐、酱油各2小匙，鸡精、胡椒粉各1小匙，植物油适量

做法

1　西红柿去蒂，洗净，切成大片；大葱择洗干净，切成丝；蒜瓣去皮，切成小片；火腿肠切成丝；方便面放入清水锅内煮至八分熟，捞出、沥水。

2　净锅置火上，加入植物油烧至五成热，下入葱丝、蒜片、西红柿片、火腿肠丝略炒。

3　放入方便面，加入鸡精、精盐、酱油、胡椒粉及净油菜，用旺火快速翻炒均匀，出锅装盘即可。

咖喱牛肉面

难度 中级　时间 75分钟　口味 咖喱味

材料

面条500克，牛肉250克

葱段、姜片各15克，桂皮1小块，咖喱粉2小匙，精盐1大匙，味精1小匙，植物油3大匙

做法

1 牛肉洗净，放入清水锅内，加入葱段、姜片、桂皮煮至熟，捞出、沥水，切成大片。

2 锅中加入植物油烧热，放入咖喱粉稍炒，浇入煮牛肉的原汤，加入牛肉片，煮10分钟成咖喱牛肉汤。

3 净锅置火上，加入清水烧沸，放入面条煮至熟，捞出面条，放入盛有咖喱牛肉汤的原锅内，加入精盐和味精调好口味，出锅上桌即可。

武汉热干面

难度 中级　时间 15分钟　口味 鲜辣味

材料

面条500克，辣萝卜75克，熟花生50克，香葱25克

蒜瓣15克，芝麻酱、花生酱、豆瓣酱、米醋、甜面酱、辣椒油、植物油各适量

做法

1　辣萝卜洗净，切成碎粒；熟花生压碎；香葱择洗干净，切成香葱花；蒜瓣去皮，洗净，剁成末。

2　将面条放入沸水锅内煮至熟，捞出、沥水，放入盘内，淋上植物油拌匀。

3　芝麻酱、花生酱放入容器内，加入清水搅匀，放入豆瓣酱、甜面酱、米醋、辣椒油、蒜末拌匀成酱料，淋在面条上拌匀，撒上辣萝卜碎、花生碎、香葱花即可。

玉米汤面

难度 中级　时间 25分钟　口味 鲜咸味

材料

玉米面条300克，熟猪肘肉150克，木耳15克，香菜10克

葱末、姜末各5克，精盐、味精各1小匙，料酒、香油、胡椒粉、鸡汤、植物油各适量

做法

1 将熟猪肘肉切成薄片；木耳用清水浸泡至涨发，去掉菌蒂，撕成小块；香菜去根和老叶，洗净，切成段。

2 锅置火上，加入植物油烧热，放入葱末、姜末炒香，烹入料酒，添入鸡汤，加入猪肘肉片和水发木耳烧沸。

3 下入玉米面条，用中火煮约6分钟至熟，加入精盐、味精，继续煮3分钟，撒入胡椒粉和香菜段，淋入香油，出锅上桌即可。

四喜鱼蓉饺

难度　高级　时间　50分钟　口味　鲜咸味

材料

面粉500克，净鱼肉350克，韭菜150克，鸡蛋1个

姜末25克，精盐1/2小匙，味精、十三香、胡椒粉各少许，料酒1小匙，香油1大匙

做法

1 面粉放入容器内，磕入鸡蛋，加入适量的温水，揉搓均匀成面团，盖上湿布，饧透。

2 韭菜去根，洗净，切成碎末；净鱼肉剁成蓉，放入容器内，加入姜末、精盐、味精、十三香、胡椒粉、料酒和香油搅匀，再放入韭菜末拌匀成馅料。

3 面团搓成长条，揪成面剂，擀成圆皮，放入馅料，两对边在中间捏严，四角露馅成四方形饺子生坯，放入蒸锅内，用旺火蒸15分钟至熟，取出装盘即可。

茴香肉蒸饺

难度 中级　时间 25分钟　口味 鲜咸味

材料

面粉400克，茴香250克，猪肉末150克，鸡蛋1个

葱末、姜末各10克，甜面酱2大匙，胡椒粉少许，酱油、料酒、香油、植物油各适量

做法

1. 茴香洗净，切成碎末；猪肉末加入甜面酱、酱油、胡椒粉和香油调匀，磕入鸡蛋，放入葱末、姜末、料酒和茴香末拌匀，制成茴香肉馅料。

2. 面粉放在容器内，边加入沸水边搅拌均匀成烫面面团，分成面剂，擀成面皮，包入馅料成蒸饺生坯。

3. 蒸屉抹上植物油，码放上蒸饺生坯，放入蒸锅内，用旺火、沸水蒸8分钟至熟，取出上桌即可。

虾肉煎饺

难度 中级　时间 30分钟　口味 鲜咸味

材料

面粉200克，韭菜末250克，虾仁100克，玉米粒、猪肉末各50克

精盐、鸡精各1小匙，生抽、香油各2小匙，植物油适量

做法

1　虾仁切成小粒，放在容器内，加入猪肉末、玉米粒、韭菜末、精盐、鸡精、生抽和香油，搅拌均匀成馅料。

2　面粉中加入沸水揉搓成烫面面团，搓成长条，揪成小面剂，擀成圆皮，包入馅料，捏成饺子生坯。

3　净锅置火上，加入植物油烧至六成热，将饺子生坯排列整齐放入锅中，待煎至呈浅黄色时，淋入少许冷水，盖上锅盖，继续煎5分钟，出锅上桌即可。

芹菜鸡肉饺

难度 中级　　时间 30分钟　　口味 鲜咸味

材料

面粉300克,芹菜、鸡胸肉各150克,香菇25克,鸡蛋1个

葱末、姜末各20克,精盐1小匙,味精、胡椒粉各少许,料酒1大匙,香油2小匙

做法

1 香菇放入粉碎机中打成粉状,加入少许沸水调匀成香菇酱;芹菜择洗干净,切成细末;鸡胸肉剁成蓉。

2 鸡肉蓉加入葱末、姜末、鸡蛋、香油、胡椒粉、精盐、味精搅匀,放入香菇酱、芹菜末、料酒搅匀成馅料。

3 面粉放入盆中,加入清水调匀,揉搓均匀成面团,搓成长条,下成小面剂,擀成面皮,放入馅料,捏成饺子生坯,放入沸水锅内煮至熟,捞出装盘即可。

酸菜水饺

难度 中级　｜　时间 30分钟　｜　口味 鲜咸味

材料

面粉500克，猪肉250克，酸菜200克

葱末25克，酱油1大匙，精盐、味精、五香粉各1小匙，腐乳汁2大匙，植物油3大匙

做法

1　猪肉、酸菜分别洗净，剁成末；酸菜挤去水分，与猪肉末一同放入容器内，加入酱油、葱末、精盐、味精、五香粉、腐乳汁搅拌均匀，制成馅料。

2　面粉加入清水和成面团，略饧，搓成长条，揪成小面剂，擀成圆皮，放入馅料，捏成酸菜饺子生坯。

3　锅中加入清水和少许精盐烧沸，下入酸菜饺子生坯，用中火煮至饺子熟透，捞出上桌即可。

满口鲜蒸饺

材料

黑米粉350克,面粉200克,净鱼肉、韭菜末各150克,羊肉末100克,鸡蛋1个

精盐、味精、鸡精、十三香各1小匙,料酒、酱油各1大匙,鲜汤4大匙,香油2小匙

做法

1 一半黑米粉和面粉,放入容器内拌匀,淋入沸水成烫面,加入剩余的黑米粉、面粉和冷水和成面团,略饧。

2 净鱼肉剁成鱼蓉,放入容器内,加入羊肉末拌匀,磕入鸡蛋,加入酱油、精盐、味精、鸡精、料酒、十三香、鲜汤和香油搅匀,放入韭菜末拌匀成馅料。

3 把面团搓成条,揪成小面剂,擀成圆皮,包入馅料,捏成饺子生坯,摆入蒸锅内蒸至熟,取出上桌即可。

梅干菜包子

难度 中级　时间 30分钟　口味 鲜咸味

材料

发酵面团400克，梅干菜、猪肉末各150克，冬笋25克

葱末、姜末各15克，味精、胡椒粉、香油、料酒、酱油、白糖、水淀粉、植物油各适量

做法

1　梅干菜用清水浸泡至软，换清水反复漂洗干净，捞出、沥干水分，切成碎粒；冬笋洗净，切成碎末。

2　猪肉末放入热油锅中略炒，放入梅干菜碎、姜末、冬笋末、葱末、料酒、酱油、白糖、胡椒粉、味精炒至入味，用水淀粉勾芡，出锅，凉凉，加入香油拌成馅料。

3　发酵面团揪成面剂，擀成面皮，放入馅料，捏褶收口成包子生坯，放入蒸锅内，用旺火、沸水蒸至熟即可。

凤菇包

难度 中级　时间 25分钟　口味 鲜咸味

材料

发酵面团400克，鸡胸肉250克，香菇50克，鸡蛋2个

精盐2小匙，味精1小匙，淀粉、白糖各少许，鲜汤、植物油、香油各适量

做法

1　香菇去蒂，洗净，切成丁，放入沸水锅内焯烫一下，捞出、沥水；鸡胸肉切成丁，加上精盐、淀粉拌匀。

2　锅内加入植物油烧热，下入鸡肉丁炒至变色，放入香菇丁炒匀，出锅，凉凉，盛入盆中，磕入鸡蛋，加入精盐、味精、白糖、鲜汤和香油，搅拌均匀成馅料。

3　发酵面团揉搓均匀，搓成长条，下成小面剂，压扁后包入馅料，捏成包子生坯，放入蒸锅内蒸至熟即可。

113

玉面菜包

难度 中级　时间 25分钟　口味 鲜咸味

材料

玉米面300克，面粉、黄豆面各100克，萝卜300克，水发粉条150克，海米50克

精盐1小匙，味精、十三香各1/2小匙，泡打粉少许，香油1大匙

做法

1　玉米面、面粉、黄豆面、泡打粉放入容器内拌匀，加入适量的温水和成面团，盖上湿布，稍饧。

2　萝卜洗净，剁成碎末；水发粉条、海米切成碎末；把萝卜碎末放入容器内，加入水发粉条末、海米末、精盐、味精、十三香和香油拌匀成馅料。

3　面团搓成长条，揪成面剂子，按扁，包入馅料，封口捏严成包子生坯，摆入蒸锅内蒸至熟，取出装盘即可。

牛肉萝卜包

难度 中级　时间 50分钟　国味 鲜咸味

材料

面粉500克，牛肉末250克，萝卜200克

姜末、葱末各10克，泡打粉3克，精盐、十三香、味精各1小匙，料酒、酱油、鸡汤各1大匙，香油少许

做法

1 把面粉、泡打粉放入容器内拌匀，倒入适量的温水和成面团，盖上湿布，饧15分钟。

2 萝卜洗净，切成丝，加上精盐腌渍出水分，挤净，切成末，放入容器内，加入牛肉末、料酒、酱油、鸡汤、精盐、味精、十三香、葱末、姜末、香油搅匀成馅料。

3 把面团搓成长条，揪成面剂子，擀成圆皮，包入馅料，捏成包子生坯，摆入蒸锅内，用旺火蒸至熟即可。

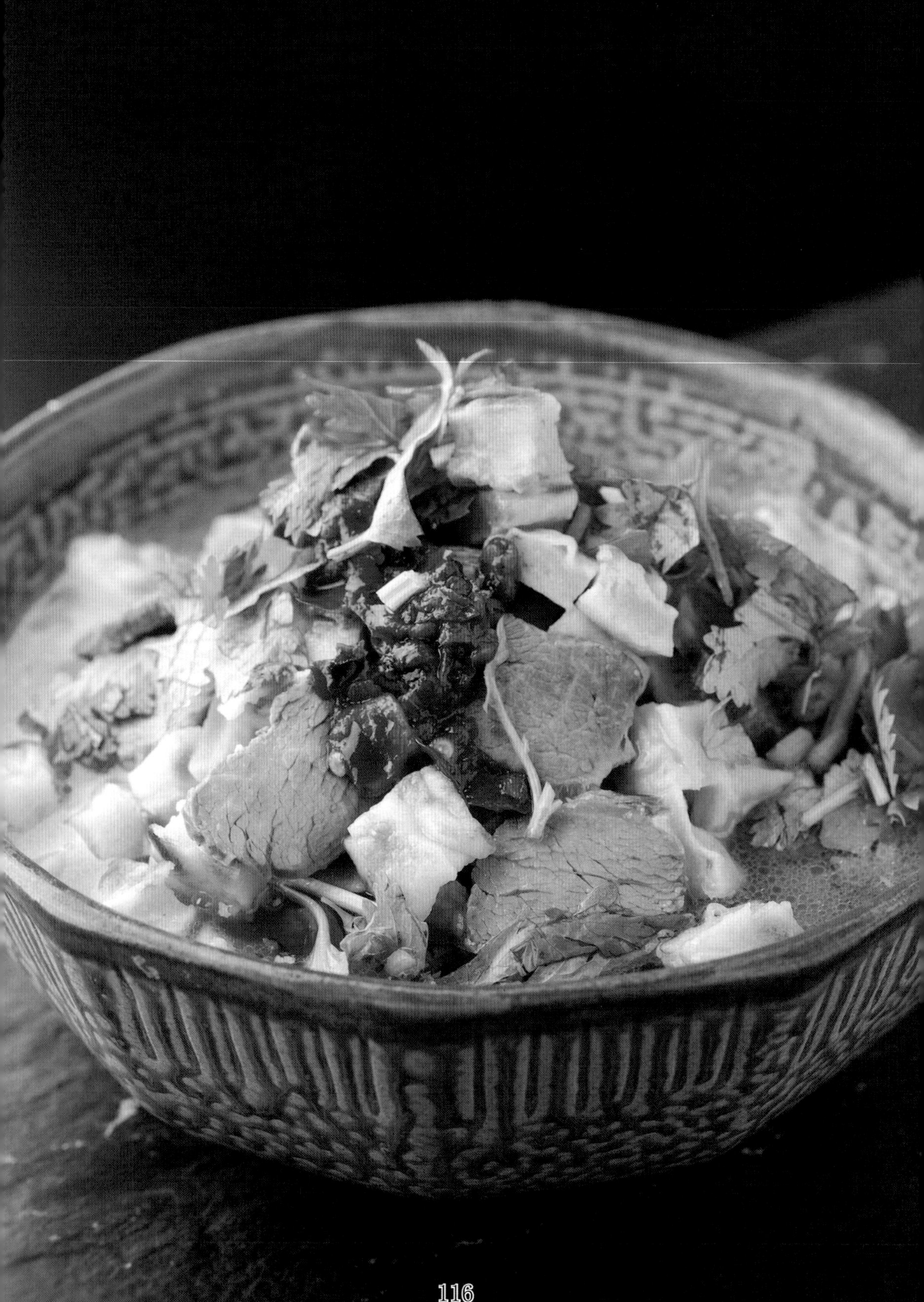

羊肉泡馍

| 难度 高级 | 时间 60分钟 | 口味 鲜咸味 |

材料

面馍、羊肉各300克，香菜段25克

葱段、姜片、干红辣椒、花椒、八角、桂皮、香叶、草果各少许，精盐、胡椒粉、辣椒酱各适量

做法

1 面馍放在案板上，切成长条（图1），再切成丁（图2）；羊肉洗净，放入沸水锅内焯烫3分钟，捞出、沥水。

2 锅置火上，加入清水、羊肉、葱段、姜片、干红辣椒、花椒、八角、香叶、草果和桂皮（图3），烧沸后撇去浮沫（图4），用中火煮至熟，捞出羊肉，切成片（图5）。

3 锅置火上，滗入煮羊肉的原汤，放入面馍丁（图6），加上熟羊肉片，放入精盐和胡椒粉调好口味，出锅，倒在大碗内（图7），淋入辣椒酱，撒上香菜段即可。

117

麻香馅饼

难度 中级　时间 75分钟　口味 香甜味

材料

面粉400克, 黑芝麻200克, 果脯100克, 鸡蛋1个

白糖5大匙, 熟猪油3大匙, 香油2大匙

做法

1 面粉放在容器内, 加入少许熟猪油和适量清水, 揉搓均匀成面团, 略饧; 果脯切成碎末。

2 部分黑芝麻擀碎, 加上白糖、果脯碎、熟猪油和少许面粉拌匀成馅料; 鸡蛋磕在碗里, 拌匀成鸡蛋液。

3 面团搓成长条, 揪成面剂子, 按扁, 包入馅料, 封口捏严, 按成圆饼坯, 刷上鸡蛋液, 粘匀黑芝麻, 摆入抹有香油的烤盘内, 放入预热烤箱内烤至熟透即可。

韩国泡菜饼

难度 初级　时间 25分钟　口味 鲜咸味

材料

面粉	300克
辣白菜	125克
洋葱	75克
韭菜末	50克
香菇	30克
精盐	1小匙
鸡精	1/2小匙
植物油	2大匙

做法

1 香菇去蒂，切成小丁，放入沸水锅内焯烫一下，捞出、沥水；洋葱、辣白菜择洗干净，分别切成小丁。

2 面粉放在容器内，倒入适量清水调匀成比较稠的面糊，加入精盐、鸡精拌匀，放入香菇丁、韭菜末、洋葱丁、辣白菜丁，充分搅拌均匀成糊。

3 锅置火上，加入植物油烧热，倒入搅拌好的面糊，用中火煎至熟香，出锅，切成条块，码盘上桌即可。

辣炒年糕

难度 中级　时间 30分钟　口味 香辣味

材料

年糕条300克，西红柿100克，洋葱75克，青椒50克

葱段15克，韩式辣酱、番茄酱各1大匙，白糖2小匙，精盐1小匙，香油少许，植物油适量

做法

1 西红柿去蒂、去籽，切成条；青椒去蒂、去籽，洗净，切成条；洋葱剥去老皮，洗净，切成小块；年糕条用温水泡开，放入清水锅内焯煮一下，捞出、沥水。

2 净锅置火上，加入植物油烧至六成热，下入葱段、洋葱块煸炒出香味，放入西红柿条、青椒条稍炒。

3 放入韩式辣酱、番茄酱、年糕条和少许清水炒匀，加入白糖和精盐稍炒，淋入香油，出锅装盘即可。

香酥玉米烙

难度 初级　时间 25分钟　口味 香甜味

材料

玉米粒（罐头）150克，椰丝35克

白糖、淀粉各2大匙，吉士粉1大匙，鹰粟粉、糯米粉各4小匙，植物油适量

做法

1 取出罐装玉米粒，用清水洗净，装入盘中，加入吉士粉、鹰粟粉、淀粉和糯米粉拌匀，撒上椰丝。

2 净锅置火上，加上少许植物油烧热，放入玉米粒摊成圆饼状，用小火烙至起硬壳，取出。

3 净锅复置火上，加入植物油烧至五成热，放入玉米粒圆饼炸至金黄、酥脆，捞出、沥油，切成三角块，码放在盘内，带白糖上桌蘸食即可。

创新懒龙

难度	时间	口味
中级	50分钟	鲜咸味

材料

中筋面粉400克,猪肉末150克

葱末、姜末各10克,泡打粉5克,胡椒粉少许,白糖、料酒、酱油、香油、植物油各适量

做法

1 中筋面粉放入容器内,加入泡打粉、温水和白糖揉匀成面团,盖上湿布,饧20分钟;猪肉末加入酱油、胡椒粉、料酒、香油、少许清水搅匀成猪肉馅。

2 净锅置火上,加入植物油烧热,下入葱末、姜末炝锅,放入猪肉馅炒至干香,取出,凉凉成馅料。

3 将面团揉搓均匀,擀成大片,抹匀炒好的馅料,卷成卷,饧20分钟成懒龙卷生坯,放入蒸锅内,用旺火蒸15分钟至熟,取出,切成小段,装盘上桌即可。

枣泥山药饼

难度 初级	时间 45分钟	口味 香甜味

材料

山药	250克
糯米粉	100克
枣泥	150克
白糖	2大匙
糖桂花	2小匙
植物油	适量

做法

1　山药洗净，削去外皮，放入锅内，加入清水煮至酥烂，捞出山药，凉凉，压成山药蓉。

2　山药蓉放在容器内，加入白糖、糖桂花、糯米粉揉透，搓成长条，揪成10个面剂，包入枣泥，捏拢，收口向下，压成圆形成山药饼生坯。

3　平底锅置火上，加入植物油烧至五成热，放入山药饼生坯，用中火煎至熟香，出锅上桌即可。

米面牛蹄卷

难度 初级　　时间 45分钟　　口味 香甜味

材料

小米面	400克
面粉	350克
红枣	250克
面肥	50克
白糖	适量

做法

1. 将小米面、面粉混合在一起，放入容器中，加入面肥、白糖及少许清水和成面团，盖上湿布，稍饧；红枣洗净，放入沸水锅内煮3分钟，捞出。

2. 面团搓成长条，下成面剂子，擀成薄片，两头各放红枣1~2个，然后卷起成牛蹄卷生坯。

3. 把卷好的牛蹄卷生坯摆在笼屉中，用旺火蒸25分钟至熟，直接上桌即可。

茄子焖花卷

难度 中级　时间 20分钟　口味 鲜咸味

材料

花卷250克，茄子200克

葱段、蒜末各5克，豆瓣酱、白糖、海鲜酱油、米醋、番茄酱、香油、植物油各适量

做法

1　花卷切成小块，放入烧热的油锅内炸至上色，捞出；茄子去蒂，洗净，切成小条，下入烧热的油锅内浸炸一下，捞出、沥油。

2　锅内留少许底油烧热，下入蒜末、豆瓣酱炒香，加入清水、番茄酱、白糖、海鲜酱油、米醋炒匀。

3　下入茄子条和花卷块，快速翻炒均匀，撒上葱段，淋入香油，出锅装盘即可。

葡萄干蒸糕

（难度）中级　（时间）45分钟　（口味）香甜味

材料

面粉200克，玉米面100克，葡萄干50克，核桃仁、枸杞子各15克，鸡蛋3个

白糖2大匙，发酵粉5克，植物油少许

做法

1 将面粉、玉米面一同放入容器内拌匀，磕入鸡蛋，加入清水和白糖搅匀成浓糊，放入发酵粉、少许葡萄干搅匀成面糊。

2 把面糊倒在抹有植物油的方盒内，上面撒入葡萄干、核桃仁和枸杞子。

3 方盒放入蒸锅内，用旺火蒸约20分钟至熟，取出，切成大块，装盘上桌即可。

莲蓉小月饼

材料

高筋面粉250克，低筋面粉150克，鸡蛋黄200克，白莲蓉适量

糖浆350克，碱水1小匙，植物油适量

做法

1 鸡蛋黄放在碗内，加入少许清水调稀成蛋黄液；将高筋面粉和低筋面粉混合均匀，加入植物油、糖浆和碱水，搓匀、揉透成面团。

2 面团下成面剂，压扁成皮，包入白莲蓉，封严收口，放入模具中压实成月饼生坯，放入烤盘中摆好。

3 将烤箱调到200℃，放入月饼生坯烤5分钟，取出，刷上蛋黄液，再放入烤箱中烘烤15分钟即可。

图书在版编目（CIP）数据

靓汤 主食 / 韩密和编著. -- 长春 : 吉林科学技
术出版社，2018.9
ISBN 978-7-5578-4994-8

Ⅰ. ①靓… Ⅱ. ①韩… Ⅲ. ①汤菜－菜谱②主食－食
谱 Ⅳ. ①TS972.1

中国版本图书馆CIP数据核字(2018)第170401号

靓汤　主食
LIANGTANG　ZHUSHI

编　　著　韩密和
出 版 人　李　梁
责任编辑　张恩来
封面设计　长春创意广告图文制作有限责任公司
制　　版　长春创意广告图文制作有限责任公司
开　　本　720 mm×1 000 mm　1/16
字　　数　150千字
印　　张　8
印　　数　1-6 000册
版　　次　2018年9月第1版
印　　次　2018年9月第1次印刷
出　　版　吉林科学技术出版社
发　　行　吉林科学技术出版社
地　　址　长春市人民大街4646号
邮　　编　130021
发行部电话/传真　0431-85677817　85635177　85651759
　　　　　　　　　　　　85651628　85600611　85670016
储运部电话　0431-86059116
编辑部电话　0431-85610611
网　　址　www.jlstp.net
印　　刷　吉林省创美堂印刷有限公司
书　　号　ISBN 978-7-5578-4994-8
定　　价　28.80元
如有印装质量问题　可寄出版社调换
版权所有　翻印必究　举报电话：0431-85635186